职业教育职业培训*改革创新教材*
全国高等职业院校、技师学院、技工及高级技工学校规划教材
模具设计与制造专业

模具生产管理

邬献国　主　编
欧汉德　副主编

電子工業出版社
Publishing House of Electronics Industry
北京 • BEIJING

内容简介

本书根据高等职业院校、技师学院“模具设计与制造专业”的教学计划和教学大纲，以“国家职业标准”为依据，按照“以工作过程为导向”的课程改革要求，以典型任务为载体，从职业分析入手，切实贯彻“管用”、“够用”、“适用”的教学指导思想，把理论教学与技能训练很好地结合起来，并按技能层次分模块逐步加深模具生产管理相关内容的学习和技能操作训练。本书较多地编入新技术、新设备、新工艺的内容，还介绍了许多典型的应用案例，便于读者借鉴，以缩短学校教育与企业需求之间的差距，更好地满足企业用人需求。

本书可作为高等职业院校、技师学院、技工及高级技工学校、中等职业学校模具相关专业的教材，也可作为企业技师培训教材和相关设备维修技术人员的自学用书。

图书在版编目（CIP）数据

模具生产管理 / 邬献国主编. —北京：电子工业出版社，2012.8
职业教育职业培训改革创新教材　全国高等职业院校、技师学院、技工及高级技工学校规划教材. 模具设计与制造专业
ISBN 978-7-121-17814-6

Ⅰ. ①模…　Ⅱ. ①邬…　Ⅲ. ①模具－生产管理－高等职业教育－教材　Ⅳ. ①TG76

中国版本图书馆 CIP 数据核字（2012）第 178925 号

策划编辑：关雅莉　　杨　波
责任编辑：郝黎明　　文字编辑：裴　杰
印　　刷：北京七彩京通数码快印有限公司
装　　订：北京七彩京通数码快印有限公司
出版发行：电子工业出版社
　　　　　北京市海淀区万寿路 173 信箱　邮编：100036
开　　本：787×1 092　1/16　印张：12.75　字数：326.4 千字
版　　次：2012 年 8 月第 1 版
印　　次：2023 年 8 月第 11 次印刷
定　　价：28.00 元

凡所购买电子工业出版社图书有缺损问题，请向购买书店调换。若书店售缺，请与本社发行部联系，联系及邮购电话：（010）88254888，88258888。

质量投诉请发邮件至 zlts@phei.com.cn，盗版侵权举报请发邮件至 dbqq@phei.com.cn。

本书咨询联系方式：（010）88254617，luomn@phei.com.cn。

职业教育职业培训*改革创新教材*

全国高等职业院校、技师学院、技工及高级技工学校规划教材

模具设计与制造专业　教材编写委员会

出版说明

百年大计，教育为本。教育是民族振兴、社会进步的基石，是提高国民素质、促进人的全面发展的根本途径，寄托着亿万家庭对美好生活的期盼。2010 年 7 月，国务院颁发了《国家中长期教育改革和发展规划纲要（2010—2020）》。这份《纲要》把“坚持能力为重”放在了战略主题的位置，指出教育要“优化知识结构，丰富社会实践，强化能力培养。着力提高学生的学习能力、实践能力、创新能力，教育学生学会知识技能，学会动手动脑，学会生存生活，学会做人做事，促进学生主动适应社会，开创美好未来。”这对学生的职前教育、职后培训都提出了更高的要求，需要建立和完善多层次、高质量的职业培养机制。

为了贯彻落实党中央、国务院关于大力发展高等职业教育、培养高等技术应用型人才的战略部署，解决技师学院、技工及高级技工学校、高职高专院校缺乏实用性教材的问题，我们根据企业工作岗位要求和院校的教学需要，充分汲取技师学院、技工及高级技工学校、高职高专院校在探索、培养技能应用型人才方面取得的成功经验和教学成果，组织编写了本套“全国高等职业院校、技师学院、技工及高级技工学校规划教材”丛书。在组织编写中，我们力求使这套教材具有以下特点。

以促进就业为导向，突出能力培养：学生培养以就业为导向，以能力为本位，注重培养学生的专业能力、方法能力和社会能力，教育学生养成良好的职业行为、职业道德、职业精神、职业素养和社会责任。

以职业生涯发展为目标，明确专业定位：专业定位立足于学生职业生涯发展，突出学以致用，并给学生提供多种选择方向，使学生的个性发展与工作岗位需要一致，为学生的职业生涯和全面发展奠定基础。

以职业活动为核心，确定课程设置：课程设置与职业活动紧密关联，打破“三段式”与“学科本位”的课程模式，摆脱学科课程的思想束缚，以国家职业标准为基础，从职业（岗位）分析入手，围绕职业活动中典型工作任务的技能和知识点，设置课程并构建课程内容体系，体现技能训练的针对性，突出实用性和针对性，体现“学中做”、“做中学”，实现从学习者到工作者的角色转换。

以典型工作任务为载体，设计课程内容：课程内容要按照工作任务和工作过程的逻辑关系进行设计，体现综合职业能力的培养。依据职业能力，整合相应的知识、技能及职业素养，实现理论与实践的有机融合。注重在职业情境中能力的养成，培养学生分析问题、解决问题的综合能力。同时，课程内容要反映专业领域的新知识、新技术、新设备、新工艺和新方法，突出教材的先进性，更多地将新技术融入其中，以期缩短学校教育与企业需要之间的差距，更好地满足企业用人的需要

以学生为中心，实施模块教学： 教学活动以学生为中心、以模块教学形式进行设计和组织。围绕专业培养目标和课程内容，构建工作任务与知识、技能紧密关联的教学单元模块，为学生提供体验完整工作过程的模块式课程体系。优化模块教学内容，实现情境教学，融合课堂教学、动手实操和模拟实验于一体，突出实践性教学，淡化理论教学，采用“教”、“学”、“做”相结合的“一体化教学”模式，以培养学生的能力为中心，注重实用性、操作性、科学性。模块与模块之间层层递进、相互支撑，贯彻以技能训练为主线、相关知识为支撑的编写思路，切实落实“管用”、“够用”、“适用”的教学指导思想。以实际案例为切入点，并尽量采用以图代文的编写形式，降低学习难度，提高学生的学习兴趣。

此次出版的“全国高等职业院校、技师学院、技工及高级技工学校规划教材”丛书，是电子工业出版社作为国家规划教材出版基地，贯彻落实全国教育工作会议精神和《国家中长期教育改革和发展规划纲要（2010—2020）》，对职业教育理念探索和实践的又一步，希望能为提升广大学生的就业竞争力和就业质量尽自己的绵薄之力。

电子工业出版社　职业教育分社

2012 年 8 月

前　言

本书根据技师学院、技工及高级技工学校、高职高专院校“模具设计与制造专业”的教学计划和教学大纲，以“国家职业标准”为依据，按照“以工作过程为导向”的课程改革要求，以典型任务为载体，从职业分析入手，切实贯彻“管用”、“够用”、“适用”的教学指导思想，把理论教学与技能训练很好地结合起来，并按技能层次分模块逐步加深模具生产管理相关内容的学习和技能操作训练。本书较多地编入新技术、新设备、新工艺的内容，还介绍了许多典型的应用案例，便于读者借鉴，以缩短学校教育与企业需求之间的差距，更好地满足企业用人的需求。

本书可作为高职高专院校、技师学院、技工及高级技工学校、中等职业学校模具相关专业的教材，也可作为企业技师培训教材和相关设备维修技术人员的自学用书。

本书的编写符合职业学校学生的认知和技能学习规律，形式新颖，职教特色明显；在保证知识体系完备，脉络清晰，论述精准深刻的同时，尤其注重培养读者的实际动手能力和企业岗位技能的应用能力，并结合大量的工程案例和项目来使读者更进一步灵活掌握及应用相关的技能。

● **本书内容**

全书共分为 12 个模块 26 个任务，以模具为平台，以设计制造和使用为主线，以保证满足用户需求和安全使用为宗旨，从研制角度系统地介绍模具生产的全程管理。其主要内容涉及模具生产的组织与计划、安全、技术、质量、成本及营销等基本管理知识，进而介绍模具管理的主要管理方法和运作。本书以实例为载体，深入浅出地解读有关模具生产管理的基础知识，突出安全、质量和成本核算等重要环节。

● **配套教学资源**

本书提供了配套的立体化教学资源，包括专业建设方案、教学指南、电子教案等必需的文件，读者可以通过华信教育资源网（www.hxedu.com.cn）下载使用或与电子工业出版社联系（E-mail：yangbo@phei.com.cn）。

● **本书主编**

本书由湘潭技师学院邬献国担任主编，广东省技师学院欧汉德担任副主编，湘潭技师学院肖海涛等参与编写。由于时间仓促，作者水平有限，书中错漏之处在所难免，恳请广大读者批评指正。

● **特别鸣谢**

特别鸣谢湖南省人力资源和社会保障厅职业技能鉴定中心、湖南省职业技术培训研究室对本书编写工作的大力支持，并同时鸣谢湖南省职业技能鉴定中心（湖南省职业技术培训研究室）史术高、刘南对本书进行了认真的审校及建议。

主编

2012 年 8 月

目　　录

第一篇　模具管理的基础知识

第二篇　模具的管理方法和运作

第一篇
模具管理的基础知识

适用于产品生产的模具，从生产工艺需求→模具设计→模具制造→投产使用，其研发至制造到使用的全过程，均需要进行管理，即从头至尾要进行组织、协调、推动和监控，以达到物尽其用满足生产工艺使用技术要求的目的。生产工艺需求→模具设计，主要是签约的营销管理，模具设计要实施质量管理；模具制造→投产使用，要进行组织指挥生产的生产计划管理，实行全面质量管理，实行生产的安全管理、成本管理和技术管理、使用管理等工作。独立的模具企业要想进行正常的生产经营运转，离不开生产、技术、安全、质量、成本等主要内容的企业经营生产管理大系统有机、统一、协调地运行。管理虽然不生产物质产品，但它可以节能降耗增效，使有限的生产资源得到充分合理的使用，从而使企业的经济效益明显提高，技术进步明显加快。营销、生产、安全与质量是推动企业在市场经济环境中进入良性循环，步入快车道发展的四个车轮。本篇以模具为对象，就上述各项重要管理的基本知识进行介绍。

如何学习

从了解模具投入与产出的宏观过程入手，分阶段熟悉各项管理的主要内容和工作，以企业管理大系统为理念，分工合作协调把握各管理子系统的同时运行，以达到优质安全高产增效的目的。其管理形式、方法虽多种多样，但基本原理和原则基本不变，这就是基本知识。

现代管理

对一个组织所拥有的资源（人力资源、金融资源、物质资源、信息资源）进行有效的计划、组织、领导和控制，用最有效的方法去实现组织的目标。

模块一　模具生产的组织与计划管理

本模块的主要内容是任务一“模具生产的组织”和任务二“模具生产的计划管理”，它们是模具企业中生产指挥系统（部门）的基本职能。目前，国内模具生产企业虽规模不大，但已形成分门别类，各具特色，多种经济体制，多样性经营方式的模具产业。由于经济体制和管理机制不尽相同，管理体系的设置和生产资源的分配也有很大的差异，最终的生产效率和经济效益不可相提并论，本模块仅对国企大型企业集团下相对独立的模具制造部门的生产组织与计划管理进行介绍。

任务一　模具生产的组织

任务描述

模具生产的组织之所以要进行研究，是因为它将关系到以什么样的方式将各生产要素有机结合，以形成生产过程中人与人、人与物、物与物之间的关系相互协调，生产过程中的各个阶段、环节、工序的安排合理有序的管理系统。生产组织系统的目标是生产过程中行程最短，加工时间最省，耗费最少，保证按时产出合格产品。

任务分析

生产要素的优化组合是生产组织管理的核心。从生产系统图来分析（见图 1-1），系统输入为生产要素，即人力资源、资金、物质资源和信息资源。其输出为模具产品。中间为工艺制造系统，即物料经过一定的工艺方法由人、机相互作用，使之加工转化为符合预期要求

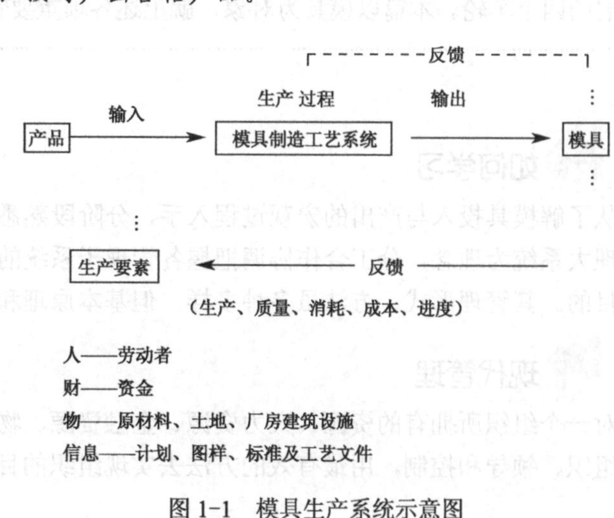

图 1-1　模具生产系统示意图

的模具产品。

这里首先要确定模具生产单位如何设置；其次是生产过程的组织形式如何合理；最后是作业排序如何优化。本任务要解决的是生产单位的设置和组织形式的确定两大问题。

学习目标

1. 掌握模具生产组织的基本原则。
2. 掌握模具生产单位设置的基本原则。

任务开始

1. 模具生产单位的设置

生产系统必须按生产过程设计，生产过程由生产技术准备、基本生产、辅助生产、生产服务等过程组成。为此必须设置一定的空间场地，建立相应的生产单位（车间、工段、班组）进行生产作业活动。企业内部生产单位的设置原则通常有以下三种方案可选。

① 工艺原则。即相同的工艺加工技术来建立生产单位，就是按“三同”原则——同类加工设备、同类加工工艺、同类工作建立生产单位，如设置车工班、铣工班、钳工班、模具一工段、工模具车间等。其优点是工艺适应性强，产品品种和工艺装备调整方便；有利于同种工人的技术交流；有利于充分设备资源的利用；有利于工艺准备过程的管理。缺点是产品工艺流程路线长；生产周期长，占用资金多；各生产单位之间的协作往来频繁，使计划、在制品、质量控制等各项管理工作难度大。

② 对象原则。即按产品或零部件的不同组成生产单位，就是在一个生产单位里按完成产品或零部件制造所需要的设备组成封闭的生产单位；它有两大特点，一是工艺过程封闭，制品不出本单位；二是独立产出产品。如标准件车间、冲模车间、工量具车间等。其优点是大大缩短制品在生产过程中的运输路线，节约内运成本，可简化计划、调度、核算等管理工作；便于采用先进的生产组织形式缩短产品生产周期，减少制品流动资金占用。其缺点是生产设备和场地的有效利用率不高；难以对工艺进行专业化管理；对产品品种变化的适应能力弱。

③ 混合原则。即在一个生产单位里同时采用工艺原则和对象原则。可有两种类型：一种是以对象原则为主，局部采用工艺原则为辅来组建生产单位；另一种是以工艺原则为主，局部采用对象原则为辅来组建生产单位。例如，模具生产企业的模具车间，冲模工段、铸锻模工段是按对象原则组织的，而热处理工段则是按工艺原则组织的。

上述三种原则在生产单位设计时，要依据模具产品的种类、设备拥有量及能力和生产设施等具体生产条件综合分析利弊后择优选用。

某国企集团的工模具公司的生产组织如图 1-2 所示。

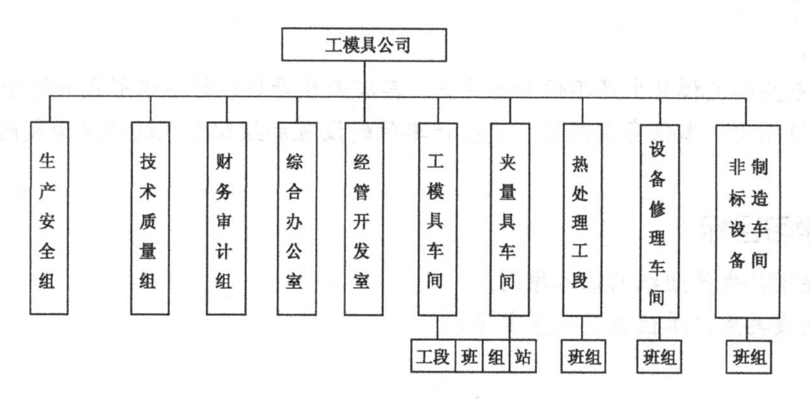

图 1-2 某模具企业生产单位结构示意图

2. 生产过程的组织形式

生产过程的组织形式应满足生产要求时间和空间上的合理性，力求达到生产的连续性、均衡性、节奏性、协调性和经济性要求，企业应根据其生产规模、专业化程度及在制品流动方式等特点，综合选择不同的生产组织形式。目前，生产企业的组织形式有生产线、流水线和自动线三种形式。

1）生产线

生产线是按对象原则为主组织起来的一种生产组织形式。其特点为以零部件组为生产对象，工作专业化程度不高；拥有较多的通用设备，由按零件组中主要或多数零件的加工工艺顺序布置的各机床群组成；生产过程的连续性差一些，但具有较大的灵活性，能适应多品种生产的需求。

2）流水线

流水线是按产品加工工艺的顺序排列工作场地，使制品依照一定的速度，依次通过各加工场地而进行生产的一种生产组织形式。其特点为工作场地专业化程度高，工作地排列系统化，运输路线单向化和工序时间同步化。显然其适用于品种少、产量大、产品结构相近和工艺较为稳定的批量型生产。

3）自动线

自动线是由自动化机器和设备群体系实现产品工艺过程的生产线。其特点为制品从坯料输送、定位、夹紧、加工、装卸到检测等均自动完成，从而自动完成产品生产的全部活动，人只是通过操控系统来实现调整、监督和管理。自动线的工作效率高，生产周期短，产品质量稳定，劳动条件从优，但一次性投资高昂，变换品种规格难。

模具产品因数量少而品种多，一般以生产线形式为主，车间内局部可设置模具标准件流水作业线。图 1-3 为模具车间的生产组织图。

图 1-3 模具车间生产组织框图

任务小结

1. 模具生产的组织有三种形式，它的生产单位设置一般也有三个原则，即工艺原则、对象原则和混合原则。模具生产的特点决定了其生产组织形式以生产线为主，其生产单位的设置多为混合原则。

2. 模具企业的体制和经营管理机制虽千差万别，但它们都要遵循制造工艺的科学合理性和经济性。生产组织是为企业的效益服务的，是可变可调整的，但总体要求却是不变的。生产组织形式受限于企业现有的实际生产条件。

3. 追求优质高效和扩大产能是模具企业发展的生存之道。工艺技术的专业化、标准化、系列化的推进是改变模具生产组织形式的抓手，流水线和自动线的生产形式，随着高科技成果的运用和模具产业链的标准化程度的提升，会逐步成为现实。

4. 由于数字化信息化技术的飞速发展，其技术成果不断被模具管理所采用，模具生产管理的工具越来越现代化，其工作效率和质量将得到很大的提高。因此，模具生产管理人员不具备电脑操作技能，将会被企业淘汰。

知识链接

1. MRP（物料需求计划）和 ERP（资源需求计划）等企业管理系统软件已开发完毕进入商业化运作，不少大、中型现代企业争先采用，这对模具生产企业既是挑战也是机遇。如何用好，消除“水土不服”后患，是当前各国模具产业的一大课题。

2. 生产组织形式虽相对稳定，但随产品的变化可局部调整，随着技术改造的成功而实现整体性变化，使之更符合生产的连续性、均衡性、节奏性、协调性和经济性要求。

思考题与练习

1. 什么是生产管理？为什么模具生产要管理？
2. 模具生产企业的生产组织和生产单位的设计应怎样设置？为什么？
3. 若你是一个小模具生产企业的管理者，你想如何管理模具生产？

任务二　模具生产的计划管理

任务描述

在模具生产经营企业的现有生产组织形式和有限的生产资源条件下，如何以最快的速度保证产出优质的模具产品，提高按合同要求的交货能力，这是模具生产必须要做到的事情，根据模具的合同交货期要求，如何安排投产作业，以保证实现合同的承诺。

任务分析

投产作业的安排就是生产作业计划的编制。作业排序是生产作业计划的基础。作业排序主要解决的问题是模具的零件的加工顺序，这虽然必须遵照工艺规程执行，但先加工哪个工件，后加工哪个工件的排序问题却是另一回事。另一个问题是同一台设备上不同工件的加工先后顺序问题。实践证明对同一类产品编制不同的加工顺序，其结果差别很大。为此要研究采用哪些科学方法和技术，尽量编排出最优或较为满意的加工顺序。

学习目标

1. 掌握与理解生产作业计划的编制根据。
2. 熟悉作业排序的实用方法。
3. 初步学会用运筹学的简单方法解决排产计划问题。

任务完成

1. 生产作业计划编制的依据

模具生产作业计划的安排不是凭空想出来的，而是根据模具产品的制造工艺规程和原材料消耗定额、实做工时消耗定额，目前还需要根据模具产品的设计图样，经过工艺分析及生产现场条件的确认，通过一定的运筹计算处理编制而成的。工艺规程是指导与组织生产的大纲，而制品从原材料下料或制造毛坯开始，然后进入各种工艺加工获得合格零件，最后经过钳工装配试模合格后校验交货，其生产全过程均要以坯料和工时两大消耗定额为基准，以模具产品图样为标准，其制作工作环节和内容，均要在生产作业计划编制中包揽无遗。

2. 作业排序运筹求解方法

① 多种零件在一台设备集中加工的零件加工顺序的确定。

[例 1] 若有 5 种模具零件需要安排在一台铣床上加工，每种零件的加工时间根据工时定额见表 1-1。

表 1-1 零件加工时间表

零件编号	L1	L2	L3	L4	L5
加工时间（日）	3	4	1	2	5

这 5 种零件是同批次送到铣床边进行铣削加工的，其投产顺序若按零件编号顺序逐个完成，其计算方法见表 1-2。

表 1-2 按作业顺序加工时间表

时间 零件编号	加工时间（日）	等待时间（日）	完工时间（日）
L1	3	0	3
L2	4	3	7
L3	1	7	8

续表

零件编号＼时间	加工时间（日）	等待时间（日）	完工时间（日）
L4	2	8	10
L5	5	10	15
合计	15	28	43

加工时间为工时定额时间，等待时间为各零件在工作场地上等待加工的时间，完工时间为加工时间与等待时间之和。从表 1-2 可计算得出这副模具的 5 种零件在同一台铣床上，全部完工的计划时间为 43 天。

若按加工时间少的零件优先加工的原则顺序则可减少等待时间，缩短完成时间。计算方法见表 1-3。

表 1-3　按时间顺序加工时间表

零件编号＼时间	加工时间（日）	等待时间（日）	完工时间（日）
L3	1	0	1
L4	2	1	3
L1	3	3	6
L2	4	6	10
L5	5	10	15
合计	15	20	35

如表 1-3 所示，5 种零件加工经过重新排序：L3-L4-L1-L2-L5，而不是 L1-L2-L3-L4-L5 排序，零件等待加工的总时间减少了 8 天，因而总完工工期缩短了 8 天为 35 天。

从上例可看出，按科学的运筹方法计算一下加工时间，对同批的配套模具零件在同一台设备上加工，按最少工时优先原则排序，可大大缩短零件等待加工时间，加快物流运行的速度，提高车间生产场地利用率，相应减少在制品的保管工作量。

② 多种零件在两台不同设备上加工的排产顺序的确定。

[例 2]　若有某副模具的 5 种零件 M1、M2、M3、M4、M5 按工艺要求，均要先经过车削加工再转入铣削加工工序。车、铣两道工序现均只能安排一台车床和一台铣床，则应如何合理排产？已知各种零件加工时间见表 1-4。

表 1-4　多种零件不同设备加工时间表

工序名称＼零件编号	M1	M2	M3	M4	M5
车加工（h）	12	9	5	8	4
铣加工（h）	3	10	8	5	6

先按零件的序号顺序进行排产加工，则总加工时间可从图 1-4 中直接求出，即 50h。如何科学安排才能使这批同时投产的零件所需完工时间最短，要采用到运筹学中的约翰逊求解法。

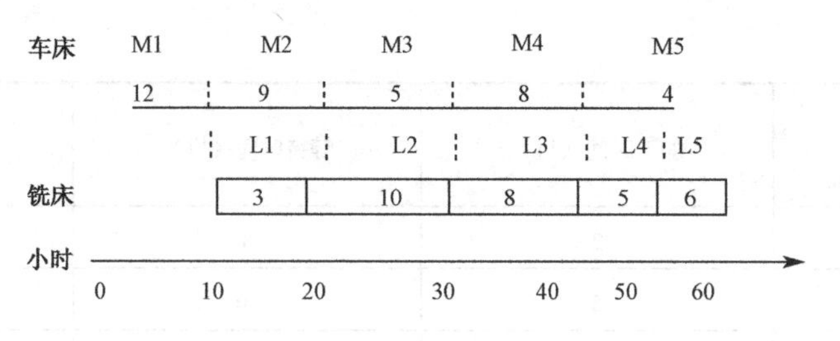

图 1-4　零件加工时间排列图

约翰逊法又称约翰逊-贝尔曼法，其解法有四大步骤。

第一步：先从表 1-4 各加工件的加工时间值中找出最小值。本例的最小值是 3（零件 M1 在铣床上加工的工时数）。

第二步：车在前铣在后。若最小值属于车加工一行，则将该件排在批加工中第一个进行加工；若最小值属于铣加工一行，则将该件排在批加工中最后一个进行加工。本例零件 M1 属于表 1-4 下面一行，应排在最后加工。

第三步：将上述已确定的排产顺序队除开，然后重复上述一、二两个步骤，逐个确定其余零件的加工顺序，直到本批全部待加工零件加工顺序排完为止。

第四步：若出现同时有两个相同的最小值时，则任选其一均可。

本例按上述步骤排出的5种零件在两台不同设备上的排产加工顺序为M5-M3-M2-M4-M1，其总加工时间可以从图 1-5 中求得，即 41 个工时。

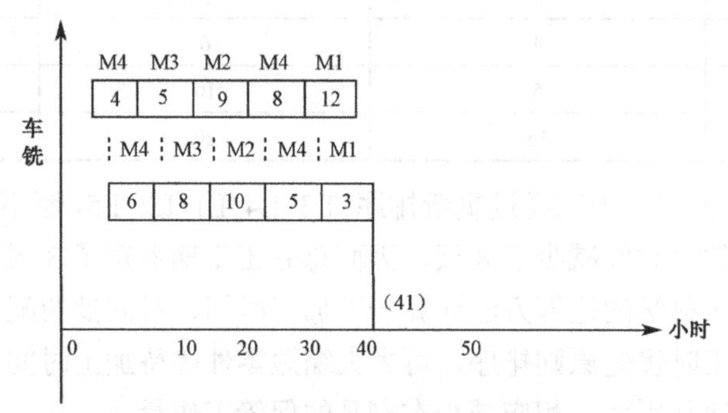

图 1-5　零件加工顺序排列图

③ 多种零件在三台不同设备上加工的顺序安排。

当工艺需要三台不同设备 A、B、C 按工艺路线 A-B-C 工序顺序加工时，可将约翰逊法则加以扩张来求出本批多种零件总完工时间最短的排序。但必须满足下述两条件中任一条件。

I：TAmin≥TBi　　　　TAmin-A 设备上最短加工时间

II：TCmin≥TBi　　　　TCmin-C 设备上最短加工时间

TBi-B 设备上任一加工时间

具体操作时，可采用两台虚拟设备代替实际生产中的三台设备，然后用约翰逊法则求解。

［例 3］ 设有甲、乙、丙、丁四种零件均需在不同机床上按工序顺序 A-B-C 进行加工。其加工时间见表 1-5。

表 1-5　多种零件三台机床加工时间表

h

零件	机床 A	机床 B	机床 C
甲	15	3	4
乙	8	1	10
丙	6	5	5
丁	12	6	7

首先将三台机床合并成两台虚拟机床，其合并的原则是，被合并的机床应为其各零件中加工时间的最大值等于或小于另一机床各零件中加工时间的最小值。本例中的机床 B，其各零件中加工时间最大值为 6h，等于机床 A 各零件中加工时间最小值，因此，机床 B 应定为被合并的机床。合并的方法是把被合并机床各零件的加工时间分别与另外两台机床的各零件加工时间相加，成为两台虚拟机床的各零件加工时间。若设 E、F 为两台虚拟机床，则本例三台机床合并后的加工时间表见表 1-6。

表 1-6　两台虚拟机床加工时间表

h

零件	机床 E=A+B	机床 F=B+C
甲	18	7
乙	9	11
丙	11	10
丁	18	13

其次按表 1-6 采用约翰逊法则来进行求解。

由求解结果可知本例最适当的排产加工顺序是乙-丁-丙-甲。

3. 编制生产作业计划

① 生产管理工作流程。

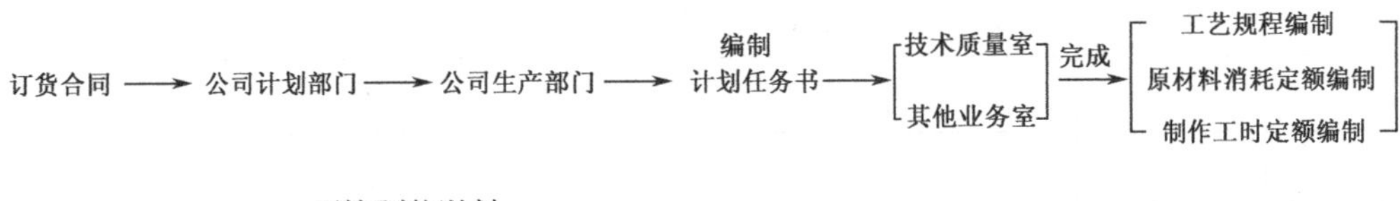

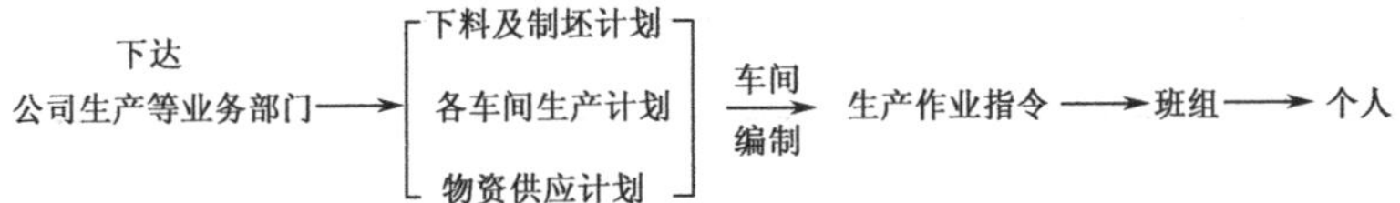

② 确定合理的各模具产品中各零件排产加工及各工序的加工顺序。

③ 以确定的排产加工顺序为基础，结合车间的生产条件和生产状况，根据上级下达的任务和计划进度要求，编制生产作业计划书。

④ 为确保生产作业计划的完成，生产调度人员应及时深入生产班组进行跟踪考核检查，发现问题及时报告并处理与协调生产过程中的相关问题。

××I 模具公司计划任务书及模具零件作业计划见表 1-7 及表 1-8。

表 1-7 xx工模具公司计划任务书

本份送：__________

图号/产品号	名称	数量	订货单位		完成期	
LJ40.377A/126.443.005	钻模	2	×××××		本月	
LJ60.220/3002.08.197	车床夹具	1套	×××××		本月	修理
LJ60.221/3002.08.201	车床夹具	1套	×××××		本月	修理
LJ60.221/3002.08.247	车床夹具	1套	×××××		本月	修理

工作内容	进度		工作内容	进度		工作内容	进度	
	要求	实际		要求	实际		要求	实际
材料定额			开具领单			元钢/割件		
工艺			工时定额			铸/锻件		
标准件、毛坯图			价格预算			外购件		
						标准件		

编制　××××　　　　　　　　　　2010年 9月14日

表 1-8 模具零件作业计划

班组

图号		名称		数量		交货期	
需方		责任人					
零件号	名称	材料	工序进度及责任人				

任务小结

1．生产作业计划的基础是加工零件排产顺序的确定，即多种零件在加工设备上的加工顺序，一般采用约翰逊法则求解。

2．车间编制的生产作业计划直接下达到生产班组并具体到机台。

3. 生产作业计划在实施生产过程中，应根据生产动态和能力负荷等情况允许适当调整，跟踪监控及时处理生产作业中发生的相关问题，努力实现生产的连续性、均衡性和经济性要求。

4．生产作业计划文件目前无统一标准，各模具企业应根据现有生产条件和管理习惯进行编制，但必须满足生产管理的各项要求。

知识链接

1．计划是管理的首要职能。正确与有效的生产计划是提高生产有效性与经济性的根本保证。

生产计划是企业在计划期内应完成的产品生产任务和进度的计划。它具体规定企业在计划期（年、季、月）内应完成的产品品种、质量、产量、产值、生产期限等一系列生产指标，并为实现这些指标而进行能力、资源等方面的协调、平衡。它是指导企业计划期生产活动执行的纲领文件。

2．生产计划体系由长期、中期和短期计划构成。长期计划为企业的生产战略计划；中期计划为企业的年度生产计划；短期计划为生产作业计划。

3．生产计划的主要内容有四项：① 确定生产目标——生产指标；② 生产能力的核定与平衡；③ 确定生产计划进度；④ 组织和检查生产计划的实施。

4．本任务重点是介绍生产作业计划的管理。

思考题与练习

1. 什么是科学的生产作业计划？其方法是什么？
2. 生产作业计划编制的依据是什么？
3. 生产作业计划的主要形式和内容有哪些？
4. 生产作业计划应如何保证实施？

模块二　模具安全管理

如何学习

民众的生命与财产的安全是执政党执政和国家机构执政首先要关注的焦点之一。国家制定了一系列有关保障人民生命财产安全的法律法规，从根本上体现了“安全第一，责任重于泰山”的执政理念。生产是人类创造价值创造财富的主要形式，生产必须安全，安全生产人命关天。因此，模具的生产从设计开始就必须考虑其使用的安全性，制模就必须涉及生产过程的人身设备的安全，使用则必须制定操作安全规则。模具生产与使用条件下的安全是在特定状况下应采取的一系列专业保护措施。这些专业措施是什么，将是本模块要研究的课题。

什么是安全

安全是一种保护生命财产免受损害的保障，从广义上讲也指国家财产和国家利益免遭侵害的一种保护。人是世上最宝贵的财富，它是社会的主体，是地球的灵魂，因此，人的安全问题是核心，财产安全的主体是人或国家与集体（民众）。

任务一　安全生产的基本知识

任务描述

人类社会进步的主要活动是不断创新和努力生产。生产环境由于行业的不同及发展水平的差异，显现了十分复杂的多样性，但无论如何确保生产安全是头等大事。不管生产条件多么不同，技术水平多么不平衡，但生产安全的基本原则是必须强制遵循的。要想实现“生产安全第一”的宗旨，必须懂得生产安全的基本知识。

任务分析

一提生产必讲安全。人、机、料、法（工艺方法）、环等生产要素，在信息流的指导下，进行有序的相互作用，从而创造新的财富。其中起决定性作用的因素的是人，起重要作用的因素是机器设备。在生产条件下，采取相应的一系列强制性措施保护生命财产免遭损害是社会生产的前提，否则会前功尽弃，陷入灭顶之灾。其保护措施中有不少是基本知识，是一些共性的措施和规定，这将是本模块要完成的学习任务。

任务开始

（1）安全生产是一项系统工程，不能就事论事。必须统筹兼顾系统实施，它包括以下主要内容：

① 安全生产责任制；
② 安全工作规划、计划与目标；
③ 安全机构与人员配备；
④ 安全生产规章制度；
⑤ 各工种安全操作规程；
⑥ 安全教育培训；
⑦ 安全工作“五同时”；
⑧ 工程项目“三同时”审批；
⑨ 安全费用；
⑩ 事故管理；
⑪ 现代安全科学管理方法的应用；
⑫ 安全管理图表；
⑬ 安全档案；
⑭ 班组安全达标建设；
⑮ 相关方安全管理；
⑯ 应急救援预案。

其中①、②、③、④、⑤、⑥、⑩、⑭、⑯为基础性项目，必须先行同时执行。

（2）各级行政领导中的最高执行者是安全生产的第一责任人，并规定未出现重大安全事故的单位和个人，创先争优及晋升，安全生产一票否决。根据生命财产损害情况，实行问责制，触犯法律的则追究刑事责任直至极刑。近年来危害生命安全的重大事故时有发生，国家采取了极为严厉的措施，立案调查公开处理，依法办事绝不姑息。安全生产是执政者必须承担的社会责任，是法律法规硬性规定的义务，一定要落实好、执行好，毫无讨价还价的余地。

（3）安全是所有人必须承担的社会法律义务，无论是工作人员还是直接操作人员以及其他人都必须严格按相关的安全法规办事，违规者要受到法律法规的惩处。生产企业的各工种工人均要严格按其安全操作规程从事工作，不能马虎和逃避。最典型的是上岗必须穿戴安全防护用品。安全生产事关企业的兴衰，企业员工人人有责。

（4）未经安全教育培训的人员不准上岗，未经严格考核、未取得上岗操作证者不准上岗，未经特批无相应岗位操作证者不准串岗工作，否则按违章违规条例惩处。安全生产的关键在于人人心系安全，认真执行安全规章，层层不走过场。

（5）2004 年 1 月《国务院关于进一步加强安全生产工作的决定》[国发（2004）2 号]对生产经营单位的五条要求中提出“要在全国各类企业开展安全质量标准化工作”，为了落实文件精神，国家安全生产监督管理局下发了《关于开展安全质量标准化活动的指导意见》。并在组织召开的安全质量标准化活动推广会议上指出：“安全质量标准化是实施安全生产许可证制度，强化源头管理的有力措施”，并要求企业生产流程的各环节、各岗位要建立严格的安全生产质量责任，生产经营活动和行为必须符合安全生产有关法律和安全生产技术规范的要求做到规范化和标准化。会议对央企的安全质量标准化工作提出：要坚持高标准、严要求，争取率先达到国家规定的安全质量标准。所以我国安全生产管理，已从法制性管理进入到标准化、规范化管理新阶段，正在向现代化管理迈进。

（6）模具生产安全主要内容。

① 综合安全管理共16项，详见本节（1）。

② 机械设备设施：起重机械；金属切削机床；砂轮机；机械加工中心；光学机械；热处理工业炉窑；风动机械；其他机械。

③ 电气设备设施：车间动力照明箱、柜、板；电焊机；低压电气线路；电网接地系统；防雷装置及接地；手持或电动工具；移动式电风扇；电气试验台（站、室）；探伤设备。

④ 易燃易爆设备设施：各类高压气瓶、各类存油库房、工业管道及消防设施等。

⑤ 环境安全条件：有毒有害作业点；防尘、防毒设备及设施；从事有毒有害作业工人健康检查；特种作业人员人机匹配；接触三、四级毒物危害的工人比率；接触Ⅳ级粉尘危害的工人比率；车间安全通道；厂区主干道；车间设备、设施布局；工位器具、工件、材料摆放；生产区域地面状况；生产场所采光照明；厂内环境；危险化学品现场使用。

任务小结

1．安全生产，安全第一，人人有责，依法执行。

2．安全生产的方针：安全第一，预防为主，综合治理。

3．模具的设计制造使用必须要遵守相关的安全法规，预防和杜绝可能出现的侵害人身与设备事故的发生。

4．模具的设计、制造与使用必须要求达到国家规定的安全质量各项相关标准。

知识链接

1．安全工作“五同时”。

① 企业年度工作目标中应有安全工作目标，工作计划中应有安全工作内容。

② 每季（月）行政工作、生产、科研计划中应有安全工作内容。

③ 生产调度（作业）会议中，每月至少有一次包含安全生产内容。

④ 分厂（车间）生产会议中，每月至少有一次包含安全生产内容。

⑤ 企业年度工作总结中应计划、总结安全工作。

2．项目审批“三同时”

国家监管部门对工程项目进行审批且在审查工程设计时，同时审查工程项目的消防安全设置和环境保护的设计，三者均达到国家有关规定时，才批准开工建设。并在工程建设竣工中实行“三同时”验收，否则不予验收投产。

思考题与练习

1. 什么是安全？为何要牢固树立“安全第一”的理念？
2. 生产安全的特点是什么？
3. 模具安全管理的范围及主要工作内容有哪些？
4. 为什么安全生产人人有责？

任务二　模具生产安全管理实施要点

任务描述

模具生产属机械制造行业，其生产安全管理工作应如何实施操作，在其工作展开中如何突出强调安全生产工作的规范化、标准化、系统化，是本任务要解决的实际问题。

任务分析

要想实现安全生产状况长期稳好，安全生产管理工作就必须从被动管理向主动管理转化，从事后处理向事前预防转化，实现以事故预防与风险控制管理为核心的安全生产标准化管理模式，这就是国家当前着力推行的“安全质量标准化”活动。

学习目标

1. 牢固树立“安全第一”的法制观念。
2. 熟悉模具生产安全管理的实施方法与步骤。
3. 掌握企业员工应承担的法定权利与义务。
4. 掌握相关的安全技术操作规程。

任务开始

1. 模具生产安全管理的主要法律依据

① 2002 年 11 月 1 日起施行的《中华人民共和国安全生产法》。
② 2000 年 9 月 1 日起施行的《中华人民共和国产品质量法》。
③ 国务院 375 号令，2004 年 1 月 1 日起施行的《中华人民共和国工伤保险条例》。
④ 2004 年 1 月红头文件国务院 2 号文件《国务院关于进一步加强安全生产工作的决定》。
⑤ 2004 年 6 月国家安全生产监督管理下发的文件《关于开展安全质量标准化活动的指

导意见》。

⑥ 2004 年 8 月国务院办公厅下发的《关于进一步加强中央企业安全生产工作的通知》。

⑦《中华人民共和国消防法》。

⑧《中华人民共和国道路交通安全法》。

2. 安全质量标准化概念

安全质量标准化概括如下：

要求企业各个生产岗位、生产经营活动各个环节的安全工作质量；必须符合国家法律、法规、规章、规程及技术标准的规定，达到和保持一定标准，使企业生产始终处于良好的安全运行状态，以适应企业发展的安全保障需要，满足职工群众安全、文明生产的需要，它突出强调安全生产工作的规范化、标准化、系统化。

3. 实施内容及步骤

（1）实施内容按综合安全管理 16 项（见任务），这是安全生产的基础工作，必须要扎实到位。

（2）开展安全质量标准化工作步骤：

① 企业制定实施方案。

② 成立开展安全质量标准化工作领导小组和专业考评组。

③ 动员与宣传，对象是全体员工。

④ 分解指标，明确责任，按行业规定，结合企业实际，做好职能分解，明确职责和目标，纵向到底，横向到边。

⑤ 组织培训。

⑥ 自查整改。

⑦ 专家咨询。

⑧ 企业自评报告。

⑨ 申请验收考评。

⑩ 3 年有效期内，企业每年进行一次自查考评。

⑪ 期满 6 个月后，企业重新进行自评，申请复评申请。

（3）从业人员的安全生产权利与义务。

从业人员的权力：

① 有权了解其作业场所和工作岗位存在的危险因素、防范措施及事故应急措施；有权对本单位的安全生产工作提出建议。

② 有权对本单位安全生产工作中存在的问题提出批评、检举、控告；有权拒绝违章指挥和强令冒险作业。

③ 发现危及人身安全的紧急情况时，有权直接停止作业或者采取可能的应急措施后撤离作业现场。

④ 因生产安全事故受到损害的从业人员，除依法享有工伤社会保险外，依照有关民事法律尚有获得赔偿的权利的，有权向本单位提出赔偿要求。

从业人员的义务：

① 遵章守纪，服从管理的义务；

② 正确佩戴和使用劳动防护用品的义务；

③ 接受安全培训，掌握安全生产技能的义务；

④ 发现事故隐患或者其他不安全因素及时报告的义务。

（4）企业应建立的重要安全管理制度。

① 安全生产检查制度；

② 安全生产教育制度；

③ 安全生产奖惩；

④ 伤亡事故管理；

⑤ 危险作业审批；

⑥ 特种作业设备管理制度（含车辆、电气、起重、压力容器、锅炉、乙炔气、有毒有害等设备）；

⑦ 动力管线管理制度；

⑧ 化工物品及毒品管理制度；

⑨ “三同时”审批制度；

⑩ 承包合同安全评审制度；

⑪ 临时线审批制度。

（5）现场违章操作表现范围。

① 设备传动部分防护罩（栏）缺损或未关好开车操作。

② 检修带电设备时，在配电开关处不断电或不挂警示牌。

③ 进入机械设备内检修时，运转部件不设人监护或不采取断开动力源措施。

④ 任意开动非本工种设备。

⑤ 特种作业非持证者独立进行操作的。

⑥ 特种作业操作证超期仍继续从事特种作业的。

⑦ 非特种作业人员从事特种作业的。

⑧ 超限（如载荷、速度、压力、温度、期限）使用设备。

⑨ 设备上有安全装置，操作时不用。

⑩ 开动被查封设备。

⑪ 危险作业（危险点及危险设备设施动火、高空作业、污水井下作业、带电作业、爆破作业、弹药运输销毁）无人监护，未办理安全审批手续的。

⑫ 任意拆除或不及时修复设备设施上的安全、照明、信号、防火、防爆装置和警示标志、显示仪表。

⑬ 使用未经审批的临时电源或使用时不挂临时线牌。

⑭ 检修高压线路或电器时，不停电、不验电、不跨接地线。

⑮ 使用非安全电压灯具作行灯或使用的行灯不符合安全要求，使用I类手持电动工具不装漏电保护器的。

⑯ 带负荷运行时断开车间（回路）配电刀闸或总开关。

⑰ 潮湿地面、容器内或金属构件内使用非双重绝缘电动工具工作或使用双重绝缘电动工具不戴绝缘手套的。

⑱ 容器内作业时不使用通风设备，高处作业往地面上任意扔物件。

⑲ 违反起重“十不吊”。

⑳ 开动无卷扬限位器的起重设备工作。

㉑ 使用不合格或无载荷标签的吊索具。

㉒ 吊索具随意丢放，工作完毕未将吊索具放入吊索具存入区。

㉓ 货梯、工程翻斗车载人运行。

㉔ 用起重设备吊运高压气瓶，燃气瓶的，运输、使用无防震圈、无瓶帽、无防倾倒装置的高压气瓶。

㉕ 非岗位人员任意在危险、要害、动力站房区域内逗留。

㉖ 焊割未经完全清洗和充分通风的盛装过易燃易爆物品的封闭容器和管道。

㉗ 其他违反安全技术操作规程中相应条款能直接导致人身伤害、设备事故或爆炸、火灾、倒塌、中毒事故的行为。

㉘ 在地面（渗）水区内倒装、运送、浇注炽热金属液。

㉙ 在禁止烟火区吸烟或纵火及携带火种的。

㉚ 物件不按区域摆放，乱堆放或堆放超高，不稳妥就结束工作的。

㉛ 开动情况不明的电源或动力开关、闸、阀。

㉜ 留有超过颈根以下长发、披发或长辫，而不戴工作帽或不将长发置于帽内进入生产区域的。

㉝ 洁净厂房工作不戴工作帽、不穿拖鞋、不换洁净工衣的。

㉞ 高处作业或在高处作业和机械化运输设备下面工作及在冶炼、铸造、锻造厂房内不戴安全帽的。

㉟ 在生产区域内穿高跟鞋的。

㊱ 高处作业穿硬底鞋的。

㊲ 电气作业不穿绝缘鞋的。

㊳ 带电作业（检修）不戴绝缘手套的。

㊴ 有可燃物的场所用明火未采取安全措施的。

㊵ 加工过程有颗粒物件飞溅（包括高速切削）不戴防护眼镜的。

㊶ 邻近通道或人员密集区高速切削设备无挡屑设施的。

㊷ 带电拉高压跌落保险不使用合格绝缘棒和绝缘手套的。

㊸ 高处作业位置在非固定支撑面上或在牢固支撑面边沿处，以及支撑面处和在坡度大于45°斜支撑面上工作而不使用安全带或吊笼的。

㊹ 浇注炽热金属液不穿鞋或赤膊穿背心的。

㊺ 铸造、锻造作业穿背心的，操作旋转机床设备或进行检修试车时，敞开衣襟、赤膊、戴手套、戴围巾、穿毛衣（衫）、戴头巾或穿短裤、穿背心、穿凉鞋、拖鞋、系领带操作的。

㊻ 在易燃、易爆、明火、高温作业场所穿化纤服装操作的。

㊼ 在粉尘及有毒有害场所工作时，不开启通风除尘设备，不按规定配戴防护用具的。

㊽ 边干活边吸烟、流动吸烟、乱扔烟蒂的。

㊾ 厂房内、办公室、走廊地面有烟头的。

㊿ 违反规定乱停放自行车，自行车及非生产用机动车（大小客车、吉普车、两轮、三轮摩托车）进入或停放在厂房的。

51 安全线不清晰或未办理占道手续占用安全道的。

52 未经批准擅自在厂房内搭设小房（棚）的。

53 定置区域内无区域标牌或标牌不符合要求，工件材料混放的。

54 生产区域地面有杂物、垃圾及卫生死角的。

55 未经批准擅自在厂房内生火取暖或加热工件的。

56 生产垃圾、工业废屑混放的。

57 生产垃圾、工业废弃物（包括铁屑）不及时清理或垃圾、铁屑堆放在垃圾、铁屑箱（桶、槽）外的。

58 接到安全信息未及时整改反馈的。

59 机动车辆在厂房内人行道上行驶或在厂房内、厂区道路上超速行驶的。

4. 机械加工主要工种安全技术操作规程示例

1）机械加工通用安全技术操作规程

① 操作工人必须经过专业操作培训，考核合格取得了上岗操作证，才能上岗作业。

② 工作前按规定穿戴好防护用具，扎好袖口，不准戴围巾、戴手套，女工应戴好工作帽，长发要置于工作帽内。高速切削时要戴好防护眼镜。

③ 要检查设备上的防护、保险、信号装置等，其应灵敏可靠，否则不准开车。

④ 工、夹、刀具、工件及原材料，必须装夹牢固，堆放应整齐平稳，拿取方便，不妨碍通行。

⑤ 机床开动前观察周围动态，机床开动后，要站在安全位置上，以避开机床运动部位和铁屑飞溅。

⑥ 机床开动后，不准接触运动着的工件、刀具和传动部分。禁止隔着机床运转部分传递或拿取工具等物品。

⑦ 调整机床时要停车进行，防止制动不稳，自动运转伤人。

⑧ 机床导轨滑面、电器开关箱内，应保持清洁，禁止摆放工具及其他物件。

⑨ 机床电气线路，应保持干燥清洁，严防油、水浸入破坏绝缘；发生故障，应立即停车，请维修人员进行修理。

⑩ 两人或两人以上在同一台机床工作时，必须指定一人负责安全，统一指挥，防止事故发生。

⑪ 不准在机床运转时离开工作岗位，因故离开时，必须停车并切断电源。

⑫ 不准用手直接清除铁屑，应使用专用工具清扫。工作完毕，清理工作场地。

2）普通车工安全技术操作规程

① 工作前按规定穿戴好防护用具，扎好袖口，不准戴围巾、戴手套，女工应戴好工作帽，长发要置于工作帽内。高速切削时要戴好防护眼镜。

② 装卸卡盘及大的工、夹具时，床面要垫木板，注意随即装好夹头保险，不准开车装卸卡盘。装卸工件后要立即取下扳手，禁止用手刹车。

③ 床头、小刀架、床面不得放置工、量具或其他东西。

④ 装夹工件要牢固，夹紧时可用接长套筒，禁止用榔头敲打。滑丝的卡爪不准使用。

⑤ 加工细长工件要用顶针、跟刀架。车头后面伸出超过300mm时，必须加托架，必要时装设防护栏杆。

⑥ 用锉刀光工件时，应右手在前，左手在后，身体离开卡盘。禁止用砂布裹在工件上砂光，应按照用锉刀的方法，成直条状压在工件上。

⑦ 车内孔时不准用锉刀倒角，用砂布光内孔时，不准将手指或手臂伸进去打磨。

⑧ 加工偏心工件时，必须加平衡铁，并要紧固牢靠，慢速运转，刹车不要过猛。

⑨ 攻丝或套丝须将丝架靠稳，缓慢转动，不准一手扶攻丝架（或扳牙架）一手开车。

⑩ 切断大料时，应留有足够余量，卸下砸断，以免切断时料掉下伤人。

⑪ 操作中要密切注意机床运转、工件、刀具装夹状况，防止冷却液流入地面。

⑫ 在砂轮机上修磨刀刃具时，应遵守砂轮机安全技术操作规程。

⑬ 电气设备发生故障，应由维修电工处理。

⑭ 未加工完的大型工件，下班前应将工件支撑牢固，操作手柄置于非工作位置，刀架退离工件，尾架、托板停放车尾，并切断电源。

3）数控设备通用安全技术操作规程

① 操作员必须熟悉设备的基本构造，熟知操作规程，日常保养维护规定。严禁违规、超负荷或在冷却液、润滑油、气压不足状态下运行。

② 操作机床，必须严格按照“操作规程”进行，做好班前检查，特别是程序、参数检查，经过互检后方可开机。

③ 在空运转的第一个循环，要特别注意机床的各个工作状况，发现异常随时“急停”，避免造成事故。

④ 设备出现故障时，应向相关领导汇报，保护好现场，记录好相应的报警信息。

⑤ 装卸工装、夹具、工附件时，要特别用心工作，不得磕碰工作台面、机床部件。

⑥ 对刀、换刀、装卸工件时，必须停机，牢固夹紧后，方可启动机床；操作者在设备运转中必须专心致志，不会客、串岗，不阅读任何书籍、资料。

⑦ 经常检查各种防护安全装置，保证安全可靠。下班前，按规定清理机床，打扫场地，保证设备清洁，环境卫生、干净。

4）数控铣床工安全技术操作规程

（1）基本安全注意事项

① 工作时按要求穿戴好防护用具，不允许戴手套操作机床；

② 注意不要在机床周围放置障碍物，应有足够大的工作空间；

③ 操作者必须熟悉机床的性能、结构、传动系统及控制程序，严禁超性能、超负荷使用；

④ 必须严格按照操作步骤操作机床，严格遵守岗位责任制，机床由专人使用。

（2）工作前的准备工作

① 检查工件夹紧是否牢靠，机床各运动轴是否返回机床零点。

② 零件加工前，必须进行加工模拟或试运行，严格检查、调整加工原点、刀具参数、加工参数、运动轨迹等。

③ 不得随意改变机床的各种参数及行程开关位置。

（3）工作中的安全注意事项

① 禁止用手接触刀尖和铁屑，铁屑必须用铁钩子或毛刷来清理；

② 禁止用手或其他任何方式接触正在旋转的主轴、工件或其他运动部位；

③ 在加工过程中，不允许打开机床安全防护门；

④ 机床运转中，操作者不得离开岗位，机床发现异常现象应立即停车。

（4）工作完成后的注意事项

① 清除切屑、擦拭机床，将机床恢复到原始状态；

② 依次关掉机床操作面板上的电源和总电源，填写交接班记录；

③ 按规定清理机床，打扫场地，保证设备清洁，环境卫生、干净。

5）数控车床安全技术操作规程

① 开机前操作者应熟读《机床使用说明书》，熟悉本机床的性能和结构，必须遵守普通车床的相应部分操作规程，并按要求穿戴好防护用具，严禁戴手套操作。

② 启动电源前，检查电器柜是否关闭，各开关、手柄位置是否在规定位置上，润滑油路是否畅通，油质是否良好，检查油标、油量、是否畅通有油。另外还应检查液压和气压系统的工作压力是否达到要求。

③ 机床开机后应遵循先回零、手动、点动和自动的原则，机床运行时应遵循先低速、再高速的运行原则，其中低、中速运行时间不少于 2～3min。确定无异常情况后，方能进行工作。

④ 加工操作时安装工件要放正、夹紧，安装完毕应取出卡盘扳手；装卸大工件要用木板保护床面。刀具的安装要垫好、放正、夹牢；装卸完刀具要锁紧刀架，并检查限位。在数控立车上装卸工件时，应先将刀架放在安全位置，人不能站在转盘上。

⑤ 在切削过程中，刀具未退出工件时，不准停车。主轴停止转动前，必须先停止进刀。切削加工时禁止打开车床防护门，在更换刀具、工件、调整工件或离开机床时必须停机。在机床切削时，操作者监控加工状态，禁止离开机床。

⑥ 在机床的工作台面上、机床防护罩顶部不允许放置工具、工件及其他杂物，上述物品必须放在指定的器具工位上。机床工作台运行区域内不允许有障碍物。

⑦ 机床上的保险和安全防护装置，操作者不得任意拆卸和移动，未经操作者同意，不允许其他人员私自开动机床。

⑧ 机床 NC 电池原则上一年必须更换一次，操作者必须密切注意电池报警信息，灯亮时，必须立即更换电池，更换新电池时必须在通电情况下进行。

⑨ 绝对不可用榔头或类似物品敲击被夹持的工件，否则，C 轴加工精度与卡盘性能将会严重受损，而且卡盘的使用寿命也会明显缩短。

⑩ 工作中发生不正常现象或故障时，应立即停机排除，或通知维修人员检修，并注意保护好故障现场。

⑪ 加工完毕后，应及时清扫机床，并将机床恢复到原始状态，各开关、手柄放于非工

作位置上，然后切断电源，并认真执行好交接班制度。

6）数控机床通用安全技术操作规程

① 使用机床前，操作者应按要求穿戴好防护用具。

② 操作者应根据《机床使用说明书》的要求，熟悉本机床的性能和结构，禁止超性能使用。

③ 开机前，操作者必须清理好现场，机床工作台面上、机床防护罩顶部不允许放置工具、工件及其他杂物，上述物品必须放在指定的器具工位上，机床工作台运行区域内不允许有障碍物。

④ 开机前，操作者应按机床说明书规定给相关部位加油，并检查油标、油量、是否畅通有油。

⑤ 机床开机应遵循先回零、手动、点动和自动的原则，机床运行应遵循先低速、再高速的运行原则，其中低、中速运行时间不少于2～3min。确定无异常情况后，方能进行工作。

⑥ 操作者必须遵循机加工工艺守则和数控机床加工工艺守则。

⑦ 刀具和工件必须夹紧。自动换刀时，为防止刀柄脱落，必须确定刀具和刀柄已经夹紧，方可进行下步工作。

⑧ 机床上的保险和安全防护装置，操作者不得任意拆卸和移动。

⑨ 机床开始加工前，必须采用程序校验方式检查所用程序是否与被加工零件相符，待确定无误后，方可关好安全防护罩，开动机床进行零件加工。

⑩ 操作者在更换刀具、工件，调整工件或离开机床时必须停机。

⑪ 在切削过程中，刀具未退出工件时，不准停车。主轴停止转动前，必须先停止进刀。

⑫ 机床附件和刀具、量具应妥善保管，保持完整与良好。丢失应按相关制度处罚。

⑬ 操作完毕后，应及时清扫机床，保持清洁，将工作台移到中间位置切断电源。

⑭ 机床在工作中发生故障或产生不正常现象时应立即停机，并保护好现场，同时应立即报告维修人员。

7）钻工安全技术操作规程

① 工作前对所用的钻床和工、卡具进行全面检查，确认无误后方可操作。

② 工件装夹必须牢固可靠。应采用工具夹持，不准用手拿着钻。工作中严禁戴手套。

③ 使用钻头自动进给，要选好进给速度，调整好行程限位块，手动时，一般按照逐渐增压原则进行，注意钻头的进孔和出孔。以免用力过猛造成事故。

④ 钻头上绕有长铁屑时，要停车清除，禁止用风吹、用手拉，要用刷子或铁钩清除。

⑤ 精绞深孔时，拔取圆器和稍棒，不可用力过猛，以免手撞在钻头上。

⑥ 不准在旋转的钻头下翻转、卡压或测量工件。手不准触摸旋转的钻头。

⑦ 使用摇臂钻时，横臂回转范围内不得有障碍物。工作前，横臂必须卡紧。横臂和工作台上不准存放物件。

⑧ 采用钻床攻丝应先调试好，保证操作时灵活安全。

⑨ 设备发生故障，应由维修工处理，不得私自拆装。

⑩ 工作结束时，将横臂降到最低位置，主轴箱靠近主柱，并且都要锁紧，关闭总电源。

8）普通铣工安全技术操作规程

① 装夹工件、工具必须牢固可靠，不得有松动现象。所用的扳手必须符合标准规格。

② 在机床上装卸工件、工具，紧固、调整、变速及测量工件时必须停车。两人工作应协调一致。

③ 高速切削时必须装防护挡板，操作者要戴防护眼镜。

④ 工作台上不得放置工、量具及其他物件。

⑤ 切削中，头、手不得接近铣削面。卸工件时，必须移开刀具后进行。

⑥ 严禁用手摸或棉纱擦拭正在转动的刀具和机床的传动部位，清除铁屑时，只允许用毛刷，禁止用嘴吹。

⑦ 拆装立铣刀时，台面须垫木板，禁止用手托刀盘。

⑧ 装平铣刀时，使用扳手选用开口要适当，用力不可过猛，防止滑倒。用完后随即取下。

⑨ 对刀时必须慢速进刀，刀接近工件时，需用手摇进刀。正在走刀时，不准停车；铣深槽时，要停车退刀；快速进刀时，注意防止手柄伤人。

⑩ 进刀量不能过大，自动规必须拉脱工作台上的手轮。不准突然改变进刀速度，限位挡块应预先调整好。

⑪ 操作者有事离开机床时必须停车。在砂轮机上修磨刀具，必须遵守《砂轮机安全技术操作规程》。

⑫ 防止冷却液飞溅地面。地面有油渍时应及时清除。

⑬ 设备发生故障，应由维修工处理。

⑭ 工作完毕，应将操作手柄置于非工作位置，若下班时工件未加工完，应将铣刀退离工件，工作台处于中间位置，并切断电源。

9）电火花加工机床工安全技术操作规程

① 室内禁止一切明火和吸烟，应配备扑灭油着火用的消防灭火器材。

② 本机专人操作，需经培训考试合格才能单独操作。

③ 工作前检查机械、脉冲电源、控制旋钮、显示仪表、抽风机，都应保持完整可靠。

④ 装卸工件、定位、校正电极、擦拭机床时，必须切断电源。

⑤ 工作液面，应保持高于工件表面50～60mm，以免液面过低着火。

⑥ 工作中严禁任何人用手触动电极。操作者应站在绝缘橡皮或木踏板上。

⑦ 搬运工件防止滑落伤人。

⑧ 下班或中途停电必须切断电源。

10）线切割机床工安全技术操作规程

① 检查电路系统的开关旋钮，开启交流稳压电流，先开电源开关，后开高压电源开关，五分钟后方可与负线连接。

② 控制台在开启电源开关后，应先检查稳压电源（-12V～6V）氖灯数码管是否正常，输入信息约四分钟，进行试运行，正常后方可控制加工。

③ 线切割高频电源开关加工前应放在关断位置，在钼丝运转情况下，方可开启高频电源，并保持在60～80V为宜。停车前应先关闭高频电源。

④ 切割加工时，应加冷却液。钼丝接触工件时，应检查高频电源的电压与电液值是否

正常，切不可在拉弧情况下加工。

⑤ 发生故障，应立即关闭高频电源，分析原因。

⑥ 电控箱内不准放入其他物品，特别是金属器材。

⑦ 禁止用手或导体接触电极或工件，也不准用湿手接触开关或其他电气部分。

11）电脉冲床工安全技术操作规程

① 开机后先看电压是否在额定值范围内，检查各油压表数值是否正常，再接通高频电源。油泵压力工作正常后，用手上下移动主轴，待全部正常后，方可进行自动加工。

② 抽油时，要注意真空表指数，不许超过真空额定压力，以免油管爆裂。

③ 电脉冲在加工时，应使冷却液高于工件 20～30mm 以免火花飞溅而着火。

④ 发生故障，应立即关闭高频电源，并使电极与工件分离，再分析故障原因。

⑤ 电箱中不准放其他物品，尤其是金属器材。禁止用湿手接触开关或其他电气部分。

⑥ 发生火情时，应立即切断电源，应用四氯化碳或干粉、干砂等扑救，严禁用水或泡沫灭火器，并应及时报警。

⑦ 工作后和现场无人时，应立即关闭高频电源和切断控制台交流稳压电源，先关高压开关。

⑧ 通电后，严禁用手或金属接触电极或工件。操作者应站在绝缘橡皮或木块板上。

12）一般钳工安全技术操作规程

① 操作前，应按所用工具的需要和有关规定，穿戴好防护用具，使用电动工具须戴绝缘手套。

② 所用工具必须齐备、完好、可靠，方能开始工作。

③ 开启设备前，应先检查防护装置，紧固螺钉及检查电油、气等动力开头是否完好，并空载试车检验，方可投入工作。操作时应严格遵守所用设备的安全技术操作规程。

④ 设备上的电气线路和器件及电动工具发生故障，应由电工修理，自己不得拆卸，不准自己动手铺设线路和安装临时电源。

⑤ 工作中注意周围人员及自身安全，防止因挥动工具工具脱落、工件及铁屑飞溅造成伤害。两人以上一起工作，要注意协调配合，并有一人为主。

⑥ 起吊和搬运重物，应与吊车工密切配合。遵守吊车工安全技术操作规程。

⑦ 高空作业前应系好安全带，检查梯子、脚手架是否牢固可靠。工具必须放在工具袋里，不准放在其他地方。不准穿硬底鞋，不准往下扔东西，下面工作者要戴好安全帽。其他要求都按高空作业安全技术操作规程执行。

⑧ 登高作业平台不准置于带电的母线或高压线下面，平台上面应有绝缘垫层以防触电。平台应设立 1050mm 高栏杆。

13）装配钳工安全技术操作规程

① 遵守《一般钳工安全技术操作规程》，严格按照钳工常用工具和设备安全技术操作规程操作。

② 将要装配的零件，有秩序地放在零件存放架或装配工位上。

③ 按照装配工艺文件要求安装零部件并进行测量。

④ 使用电动或风动扳手，应遵守有关安全技术操作规程。不用时，立即关闭电、气门，

并放到固定位置，不准随地乱放。

⑤ 采用压床压装配件，零件要放在压头中心位置，底座要牢靠。压装小零件要用夹持工具。

⑥ 采用加热炉、加热器或感应电炉加热零件时，应遵守有关安全技术操作规程和采用专用夹具来夹持零件。工作台板上不准有油污，工作场地附近不准有易燃易爆物品，热套好的组件不得随地乱放，以免烫伤事故。

⑦ 实行冷装时，对盛装液氮或其他制冷剂的压力容器瓶的使用、保管，应严格按压力容器安全技术操作规程进行。取放工件必须采用专用夹具，戴隔热手套，人体不得接触液氮或冷却的工件。洒在地上的液氮要及时清除，妥善处理好。

⑧ 大型产品装配，多人操作时，要有一人指挥，与吊车工密切配合。高处作业应按规定设登高平台，并遵守有关安全技术操作规程。停止装配时，不许有大型零部件吊、悬于空中或放置在有可能滚滑的位置上，中间休息应将未安装就位的大型零件用垫块支稳。

⑨ 进行零件动平衡工作，要遵守动平衡机安全技术操作规程和按工艺文件要求执行。无关人员不得接近运行中的动平衡机。静平衡时，不许触摸工件转轴，也不要抬着工件的轴头上下工件，以免扎伤手指。

⑩ 产品试验前应将各防护、保险装置安装牢固，并检查被试验产品内是否有其他遗留物。严禁将安全保险装置有问题的产品交付试验人员进行试验。

14）磨工安全技术操作规程

① 根据砂轮使用说明书，先用与机床主轴转数相符的砂轮。

② 所用的砂轮要有出厂合格证或检查试验标志。

③ 对砂轮进行全面检查，发现砂轮质量、硬度、强度、粒度和外观有裂纹等缺陷时不能使用。

④ 安装砂轮的法兰盘不能小于砂轮直径的三分之一或大于二分之一。法兰盘与砂轮之间要垫好衬垫。

⑤ 砂轮在安装前要调好静平衡。砂轮孔径与主轴间的配合要适当，紧螺帽时要用专用扳手，不要用力过猛以防滑倒，螺帽紧固要适当。

⑥ 砂轮装完后，要安装好防护罩。砂轮侧面要与防护罩内壁之间保持 20～30mm 以上的间隙。

⑦ 砂轮装好后要经过 5～10min 的试运转，启动时不要过急，要点动检查。

⑧ 干磨或修整砂轮时要戴防护眼镜。检查砂轮是否松动，有无裂纹，防护罩是否牢固、可靠，发现问题时不准开动。

⑨ 砂轮正面不准站人，操作者要站在砂轮的侧面。

⑩ 砂轮转速不准超限，进给前要选择合理的磨削量，要缓慢进给，以防砂轮破裂飞出。

⑪ 装卸工件时，砂轮应退到安全位置，防止磨手。砂轮未退离工件时，不得停止砂轮转动。

⑫ 用金刚石修砂轮时，要用固定架将金刚石衔住，不准用手拿着修。

⑬ 吸尘器必须保持完好有效，并充分利用。

⑭ 干磨工件不准中途加冷却液，湿式磨床冷却液停止时应立即停止工作。工件完毕将

砂轮上的冷却液甩掉。

⑮ 严禁磨削有色金属及其他软料。设备发生故障应由维修工检查修理。

任务小结

1．模具生产安全管理工作必须依法按机械制造企业相关的法律、规章、安全标准要求规定执行。其实施应按“安全质量标准化”要求执行。

2．当前推行安全质量标准化工作是满足目前安全生产管理发展的客观要求，它突出强调安全生产工作程序化、规范化和标准化，是系统安全管理的一种形式，是企业建立长效机制的一种有效方法，由于安全质量标准化必须实行考核与评价，是决定企业能否获得安全生产许可证的主要依据。而安全质量标准化工作涉及企业的综合安全管理、设备管理、作业环境安全条件，是对企业安全工作全方位、全过程的评估。因此，安全质量标准化工作的开展，有利于国家有关安全生产法律法规、技术标准的贯彻执行；有利于企业安全生产基层和基础“双基”工作得到进一步加强；有利于企业建立自我约束、持续改进长效机制的建立；有利于企业本质安全度的提高，是一项关系企业生存发展和职工群众安全利益的生命工程。

3．模具安全生产管理的实施应结合企业自身的实际情况，自上而下精心规划，认真执行，系统落实。

4．生产安全管理的科学现代化，统计学数据处理工具的应用将开创安全管理的新时代。

知识链接

1．安全质量标准化工作步骤程序图（图 2-1）

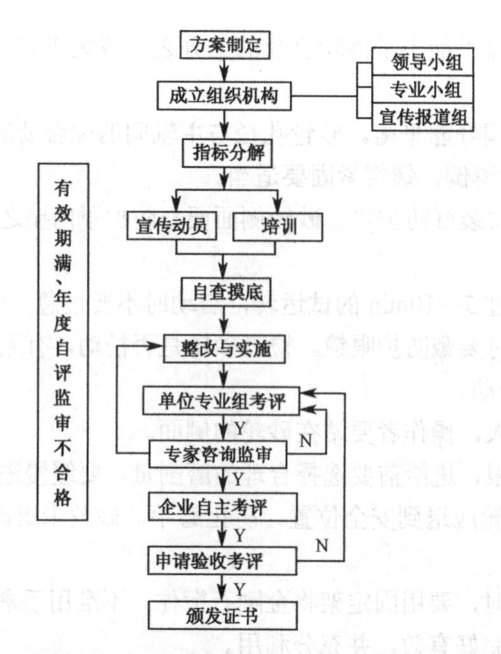

图 2-1 安全质量标准化工作步骤程序图

2. 职工“十必须”

① 上岗前必须按规定穿戴好防护用具，否则不得上岗。

② 操作前必须检查设备、仪器是否正常，未经检查或设备、仪器不正常，不得进行生产、作业。

③ 生产、作业时，必须遵循工艺规程及安全技术操作规程。

④ 工作期间必须坚守岗位，不得串岗。

⑤ 操作设备仪器时，必须专心致志，不得看书、看报，商讨工作时，必须停机。

⑥ 待加工品、成品、半成品及其他物品必须按指定部位摆放整齐，不得占用安全通道。

⑦ 离岗时必须关停设备和仪器。

⑧ 下班前必须关闭水、电、汽、气开关。

⑨ 当班结束后必须清扫设备和现场，关好门窗。

⑩ 当天工作完毕后必须按要求填写交接班记录。

3. 职工“十不准”

① 不准穿裙子、裙裤、短裤、背心、拖鞋、高跟鞋进入生产、作业场所。

② 不准在生产作业场所打闹和高声喧哗。

③ 不准在生产岗位上、工作岗位上干私活。

④ 不准在厂区内吸烟，危险作业场所及库房严禁烟火。

⑤ 不准外露长发操作旋转机械或在旋转机械旁工作、逗留。

⑥ 不准在工房、库房、作业场所骑、停放自行车。

⑦ 不准戴手套操作旋转设备。

⑧ 不准在工房、办公室、非易燃品库房存放易燃品。

⑨ 不准用烘房、烘箱、电炉烘烤食物。

⑩ 不准酒后上岗。

思考题与练习

1. 模具生产安全管理应如何开展？
2. 模具生产安全管理的基础工作之一是建立哪些生产安全制度？
3. 在安全生产管理上，从业人员的法定权利和义务是什么？
4. 什么是现场违章操作行为？
5. 装配钳工的技术操作规程是什么？

补　充

生产安全事故案例

案例一　（见图 2-2）

装配钳工在装配生产时，按工艺要求需用汽油对产品的零件进行清洗，因违反安全操作规程，由于抽烟引起盛有汽油的清洗油盘起火。起火时当事人未能按消防要求及时灭火，造成双手及面部严重烧伤。

案例二　（见图 2-3）

启动电机受到其他物品撞击，未及时检查电机，使用时，因短路造成电机烧坏，万幸的是未造成人员伤害。

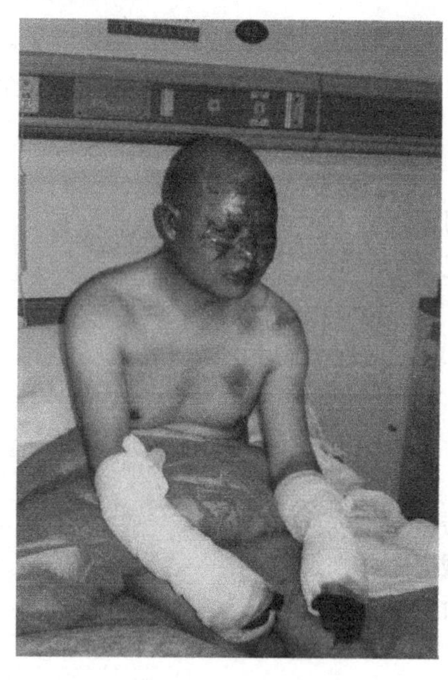

图 2-2　清洗时汽油起火烧伤

图 2-3　因短路造成电机烧坏

案例三　（见图 2-4）

在金属切削机床操作中，因工作服没有严格按要求穿戴，工作服袖口有毛线挂线，造成被机床传动轴缠绕，而当事人未能及时关停机床，致使手臂卷入受伤，同时因机床旁加工工件的码放不稳且过高，出事时慌忙将堆码的工件碰倒，工件掉下又将其脚砸伤。

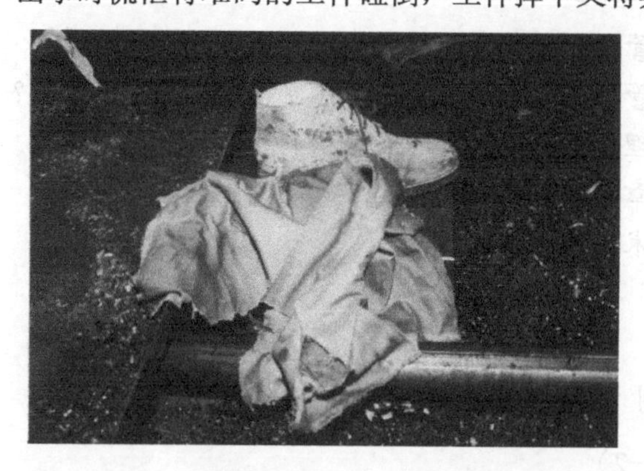

图 2-4　传动轴绕袖、产品堆放不稳伤脚

案例四　（见图 2-5）

电焊工平时对电焊机保养不到位，埋下了电缆线外皮有破损、焊机开关接触不良等安全隐患。在起吊搬运焊机至工作地落地时，因吊车的铁链钩恰好碰到损伤的裸露的电缆，引起短路造成起火，烧坏了焊机，人员受了轻伤。

图 2-5　吊车铁链钩碰到裸露的电缆，造成短路起火

模块三　模具生产的技术管理

如何学习

模具生产的技术管理是实现模具产出的专业技术性保障，是模具全面质量管理中最为重要的依据。怎么学？主要是抓住两个设计，即模具设计与其工艺设计（编制），抓一个龙头——创新思维，从而实现技术管理。

什么是技术管理

1．技术——技能与技艺的总和，是劳动者智慧与经验的结晶，是企业保持活力的源泉，也是创造新的物质财富的工具。

2．技术管理——对企业系统以创新思维为主导，涵盖产品开发、技术进步，以及工程活动发展等一系列专业技术活动的统筹、协调与控制。为企业的经营方针目标提供支持性保障。

任务一　模具技术管理的任务与目标

任务描述

模具产品的设计是为满足用户要求而进行的专业知识与技能应用以实现模具产品的全部信息的图样构思，以图样为本的制造工艺的设计（编制）则是实现产品全过程的信息流样本，有序、可控、协调和解决与处理各过程中发生的问题，确保模具顺利产出并保证用户的使用为模具技术管理的首要任务。这个重要的子体系的健全和保障能力运作是技术管理的主要任务。

学习目标

1. 树立创新理念。
2. 熟悉技术管理的全过程。
3. 掌握技术管理的主要任务和内容，以初步学会技术管理的操作技能。

任务分析

要达到上述学习目标，必须弄懂创新概念，必须把握设计与制造的技术关节，必须扎实做好生产现场的技术管理工作。

任务开始

1．创新思维是技术管理的灵魂

1．创新思维

创新首先是继承基础上的改进，是集改进绩效之大成变为具有新特征新价值的商品（含物质与精神产品），这种不断追求进步并努力付诸实践取得成果的理念，称为创新思维。

2．技术创新的主要形式

1）技术引进

技术引进目前大约有7种方式，目的是获得双赢。（1）合资经营；（2）合作生产；（3）许可证贸易；（4）成套设备引进，同时也引进了技术；（5）技术咨询服务，引进项目的可行性报告的专项审核；（6）补偿贸易；（7）设备租赁，租赁公司根据用户要求垫资向制造商购买设备，用户定期支付租金，同时又与其签定技术合同（技术服务）。

2）技术创新

技术创新在经济学上的意义在于揽括新产品、新工艺、新系统和新装备等形式在内的技术形态向商业实现的首次转化。它有两大特点，一是技术创新活动的非常规运作，包括新颖性和非连续性；二是活动必须要获成功，否则无商业价值。技术创新方法可归纳为渐进性创新和根本性创新两大类型。渐进性创新是指对现有技术的改进引起的渐进的、连续的创新。根本性创新是指技术上有重大突破的技术创造。它常常伴随着一系列渐进性的产品和工艺创新，并在一段时间内引起产业结构的变化。也可从表现形式上分为产品创新和过程创新两种。技术创新的基本战略思路有三条，一是自主创新，二是模仿创新，三是合作创新。自主创新是从无到有全靠自己的实力的创新，是享有自主产权的创新；模仿创新是一引二仿三改的创新；合作创新是企业为主体，形成强强联合，或产、学、研互为一体，利益共享的组织进行共同开发的创新。

2．模具产品的研发和设计是模具技术管理之源

除了模具标准化的模架件及标准件，由模具专业厂家按标准进行批量生产外，模具产品的研发和设计一般是研发与生产产品的企业在制造工艺审定后，靠本企业的技术部门按工艺需求进行模具的研发或设计，由本企业的工具制造车间进行研造；也有将设计好的模具图样交企业外的模具专业厂生产；或提供产品零件图和工艺文件委托模具专业厂设计与制造，但无论何种形式，模具的设计图样是模具制造之本。

此首要环节的技术管理是确保模具设计保质按时完成，目的是设计的图样能满足产品工艺要求和使用要求，方法是把握好两个评审，即模具设计图样与产品零件工艺的评审。一般模具图样按设计的审批程序把关可简化。模具图评审的主要内容是模具结构的先进性，模具零件的工艺性及模具生产的经济性和节能性，图纸的正确性和完整性。因为模具设计图样很

大程度上决定了模具的制造成本，所以对模具图样的研发设计必须要进行严格的技术管理。

3．模具生产的工艺设计是技术管理的重要依据

模具设计图解决了将生产什么样的模具问题，至于如何将图纸变为实物，要靠生产中确定使用什么样的设备和工艺装备，采用怎样的加工顺序和方法来实现，这就必须通过工艺管理（技术管理）来进行组织协调。其管理的主要内容和程序为一审二定三编，目的是实现有效的制造全过程的监控。

1）一审是模具设计图的工艺性分析和审查

① 工艺性分析。工艺性分析主要是对模具设计图样进行结构性工艺分析。在读懂图纸理解设计意图的基础上，根据被加工零件的功能及性能要求，从制造角度分析设计的图样的技术条件和结构是否符合工艺原则；是否在现有生产条件下可行；制造与管理是否方便；外协加工是否有条件等，在管理上要将工艺分析意见及时反馈给设计部门，以便修改完善设计。

② 工艺性审查。在完成工艺性分析之后，工艺性审查的主要内容是模具结构的工艺性审查，以解决能不能作的问题；其零部件图的工艺性审查，以解决满足制造是否合理经济与方便的要求，审查模具工作零件的制造在现有生产条件是否省工、省料可行。

模具图样的工艺分析审查的目的是为了保证模具设计具有良好的工艺性和经济的合理性。在管理上，设计图经过工艺师和标准化工程师审查签字认可后，此模具图方可成为工艺设计的依据。

2）二定是工艺方案的确定

工艺方案是生产工艺准备部分的大纲，是进行工艺设计的指导性文件。

① 工艺方案的内容：主要是确定工艺路线和生产组织形式（集中与分散）；确定工艺规程编制模式；确定模具加工的工装选用原则及关键工序、关键工艺部位及其解决的技术措施。

② 拟定工艺方案的依据。①模具图样；②模具的批量；③现有生产条件。一般模具生产为单件少量生产性质，所以，拟定工艺路线的依据是模具设计图样和现有生产条件。

③ 工艺方案必须经过多方案分析评估后优选确定。

由于生产条件及生产作业负荷的不均衡性，加上工艺人员的技术水平差异，制造工艺方案可为多方案，如条条道路通北京，到底根据产值产量选择什么样的方式，走哪条道是最合理的，必须要进行多方案的分析比较才可确定。确定符合现有生产条件下保质省时省钱的工艺（路线）方案是通过多方案比较后才获得的。

3）三编是编制工艺文件

（1）编制工艺文件的依据是模具图样和工艺方案。

（2）工艺文件编制的重要内容：

① 编制外购件、外协件、标准件、毛坯件明细表；

② 分车间编制生产零件明细表；

③ 编制工艺装备明细表；

④ 编制工艺规程——工艺过程卡片（模具生产的主要工艺文件）；

⑤ 拟定模具零部件的质量检验方法和总装工艺文件；

⑥ 制定与计算各工序材料及刀具的消耗定额及工时定额；

⑦ 制定工艺守则或作业指导书。

要特别强调的是，工艺规程是指导工人技术操作的基本文件，必须遵照执行，而且是贯彻执行工艺纪律的关键所在。技术管理上必须加强检查与考核，是工艺管理的重点。实施过程中需要修改的，必须按修改批准程序办理。工人无权修改，否则作为违章违纪处理。

工艺技术管理必须面向生产一线。生产一线工人是模具制造的实践者和创造者，是模具生产效率和质量的决定性因素，因而通过不断地教育培训，努力提高操作者的应知应会水平，是提高技术管理水平的根本措施。从制造角度而言，生产现场是技术管理最直接最有效的平台，定期检查和不定期抽查考核工艺纪律执行状况，以实现生产过程中的技术监控，是现场技术管理的日常工作。它还包括对重点零件加工的工艺流程和跟踪及及时处理工艺上时有发生的技术问题，以保证物流、信息流在工艺路线上畅通。

现场技术管理的另一个重要任务是积极推行全面质量管理，认真执行质保体系规定的相关文件，组织与指导 QC 小组展开质量活动。技术是全面质量管理的基本要素之一，技术管理与质量管理关系是局部与整体的关系，但两者侧重面各异。技术管理对象是专业技术，而全面质量管理是整个企业的系统性运作的模式，前者是"硬件"后者为"软件"系统。根据全面质量管理的要求，以生产现场为主体的 QC 小组应展开质量活动，应经常发表 QC 成果。使质保体系的质保能力不断提升，技术水平不断提高。

4．现场试模成功是模具技术管理的一大特点

为确保模具在生产中的质量保证和增效功能，模具的设计不但要保证满足被加工零件的工艺要求，而且要提供精确的物料及工艺参数，这就必须通过现场试模工作中的设计参数最后进行修订。模具制造是模具设计的延伸，而且为最终的程序，这完全是由它的工艺装备性质决定的，模具可用和使用寿命两者均为模具质量的要求，前者是必保的，是第一位的，其次是保证设计的使用寿命。设计、工艺与使用三者聚焦于现场试模，利用模具生产出合格的制品，规定为最终验收交付使用的程序，是从技术管理上保证模具满足使用要求的技术措施。

任务小结

1．技术是模具生产的专业性根本保证，技术管理是在实现模具产出的全过程中，以模具为对象运用专业知识和技能进行有序的组织和协调，其目的是保证顺利产出。

2．技术管理的宗旨在于倡导创新思维，不断进取，实现管理水平逐步提高。创新是在继承基础上不断改进，从量变到质变的过程。创新是保持国民经济快速稳定发展的动力，也是模具产出兴旺发达的引擎。先进的技术伴随着先进的技术管理，吸收消化是创新的基础，国产化是创新的目标，攻关是创新的关键，改进是创新的起点，面临新挑战不惧迎之进而胜之，技术管理同样可实现跨越式发展。

3．模具技术管理的主要工作是着力搞好开发设计和工艺设计两大支柱，全力抓好模具生产的现场技术管理和质量管理，保证成功试模的最后冲刺。

知识链接

1．新模具的试制与鉴定。新模具是指未生产过的模具或为新产品制造服务有结构改进的模具。显然模具的试制是为模具改进或为新产品服务的，试制的是工艺装备，其成功与否要以制品试模合格为准。一般以新产品的研制鉴定为主，为其制造工艺服务的模具不需进行单独的鉴定。模具鉴定适用于下列情况：① 新产品的关键模具；② 应用新工艺、新材料、新技术制作的新模具；③ 制品出现重大质量问题时需要进行的模具鉴定。

新产品经过样品试制与鉴定，进入小批试制与鉴定，企业经过新产品鉴定委员会（由政府主管部门、行业专家、学者等临时组成）鉴定合格后，应根据批准的鉴定书，得出全面定性的结论，然后投入正式生产。

2．对于多品种小批生产的产品，其需求的模具为了降低产品成本和缩短制造周期，以增强市场竞争力，在技术管理上往往采用低成本的简易模具（如锌合金模具），有条件的采用快速成形技术来制模，如硅橡胶模具、铝填充环氧树脂模和直接成形金属模具。

思考题与练习

1. 什么是模具生产技术管理？其主要任务是什么？
2. 什么是技术管理的宗旨？
3. 创新理念为什么是企业做强做大的动力？
4. 模具的技术管理有何特点？

任务二　模具技术管理的方法

任务描述

模具的技术管理与质量管理一样，对模具生产均具有举足轻重的保障作用。模具的技术管理要想达到其目的，应以什么方式方法实现就是本任务要回答的问题。模具的技术管理可分为两个阶段，首先是模具设计阶段的管理，然后是模具制作阶段的管理。模具设计的技术管理，一般通过下达设计任务书和设计评审与图纸的工艺会签方式来进行的。未通过评审考核和会签的无效；未经技术部门的主要负责人的批准，设计的图纸应不能投产，这是从源头上杜绝浪费从而避免巨大损失的措施。以批准投产的模具图纸为据的制模过程的技术管理方式方法是本任务讨论的重点。

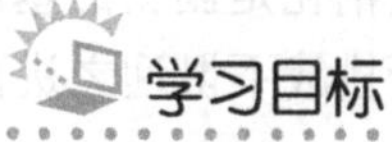

学习目标

1. 了解模具技术管理的常用方法。
2. 掌握以流动工艺卡片为主的信息流监控方法。
3. 熟悉运用信息技术进行技术管理的模式。

任务分析

模具的设计成果是一整套设计图纸，是一种专业性强、信息量密集的信息产品，它是模具生产的实物信息源头。将描述虚拟物的全部信息转化为符合使用要求的实物，即将设计信息的输入转变为模具实物的输出，则要建立一个制模的信息子体系来组织、协调人、机、料、法等生产要素的配合运作，从而保证制模全过程的运行，最终产出符合设计要求的模具，因此，技术管理实际上是信息流的管理。

任务完成

模具技术管理的模式及方法：

模具的技术管理是常以图表和文件的模式进行，以模具的使用要求为信息源，经过设计信息的创作制成设计图样，并随之进行评审形式的管理。进入制模阶段，其技术管理是以流动工艺（过程）卡片及作业指导书与工艺简图的形式进行制造信息流的传递，通过随工件与工艺卡一起流动的流动工序检验合格证及不合格品记录表来进行数据的采集整理，从而达到制模过程的监控与协调。其方法上可采用作业流程的人工传递方法，也可以采用微机处理的方式进行，必要时采取会议集中处理方式进行。这里要指出的是，原材料图纸等原始信息、工艺路线和作业指导书等文件信息必须真实可靠无误；现场的技术管理与质量管理是同步互补运行的；各企业的生产规模和产品类型各不相同，企业管理的现代化手段与水平差异较大，所以，模具技术管理的方式方法不可能都是一个模式，但主要工作内容与目标是一样的。制模过程结束后，其流动工艺卡与流动检验合格证均由专职人员收集分类归档与存储保管，以便在模具使用中发生问题后进行原因分析时作为原始信息资源的查阅。制模过程的技术管理一般由专职的工程技术人员负责，否则难以胜任具有专业技术要求的技术管理工作。车间里各种设备的操作工人既是生产技术实践者，也是原始数据的采集者，负有技术管理的基本责任。

任务小结

1．模具技术管理的对象是模具技术应覆盖设计——制作——使用的全过程，其中使用过程的服务是售后服务和用户的生产现场管理，是在用户生产点进行的。

2．模具技术管理并非全部是技术信息的管理，它应包含对实现模具的全过程中出现的相关技术问题的专业技术的处理，应该是以技术信息流为主线的综合性管理，其目的在于组织和协调模具专业技术的操作，以保证模具产品的顺利产出和正常使用。

知识链接

1．以建立区域信息网络模式进行企业综合集中管理为当前企业管理现代化的大趋势。其“ERP”、“MRP”Ⅱ管理大系统的软件开发因行业和企业的差异，在个性化适应能力上尚有大量艰巨的开拓工作要做，不可一蹴而就，只能从基础开始，统一规划，分步实施，逐步推进。

2．技术信息库的筹建是技术管理的基础，它有大量的技术数据资料要进行分类、登记、建档，分别存入各自的资料库，它的筹建要付出大量的人力和物力，需要较长时间完成。一旦建成要有专职人员进行日常的维护和更新，否则将逐渐失去其应用的作用。

3．模具技术管理应创造条件。尽可能运用现代化信息技术，推进模具设计的 CAD 和制造的 CAM 的管理模式，为企业的“ERP”全系统的实现奠定基础。

4．模具因其单件少量生产的性质和高于产品精度的特点，其技术管理上仍有许多难题要人们去求索创新加以攻克。例如，模具标准化、通用化程度的提高和推广，模具专业化生产的统筹布局，模具制造新技术、新工艺的迎战与突破等难题，将随着科技的不断进步和模具产业的突飞猛进的发展及创新人才的涌现必定会取得长足性的进步。

思考题与练习

1. 为什么说模具技术管理从本质上讲是以信息管理为主的综合管理？
2. 模具技术管理的常用管理方法是什么？
3. 模具技术上采用了 CAD 与 CAM 软件，其管理就没问题了吗？

任务三　模具技术管理实例

任务描述

现有模架标准部件的零件导柱与导套，其零件图见附图，若以导套零件为例，则应如何对导套零件的生产实施技术管理。

学习目标

1. 了解模具零件生产全过程的技术管理。
2. 掌握技术管理的实施。

任务分析

模具是由零部件组成的，模具的技术管理应从设计开始，它和质量管理同源并行。这里重点介绍的是模具完成设计阶段主要任务进入制作阶段后的技术管理。按设计图制造零件，如何制造、如何保障制造顺利进行是模具技术管理的重要内容之一。

任务完成

① 首先对模具零件图进行认真阅读，从制造角度分析其工艺性能，完成其工艺性审查。本例导套材料为 20＃钢，为保证其耐磨使用性能，必须要进行渗碳淬火；而且具有 7 级精度可保证与导柱间隙配合的使用要求，这些技术要求是合理的，根据工厂现有生产条件是完全可以达到的。“⌭”与“//”形位公差要求较严，亦是合理可行的。

② 拟定加工的工艺路线，导套型材下料——车——热处理——磨——光整加工。

③ 编制简明工艺卡片见表 3-1。

④ 编制材料消耗定额与工时定额表（略）。

⑤ 导套工艺卡片与质检人员编写的“工序施工质量流动合格证”。

⑥ 现场技术人员按工艺卡片全程跟踪导套的生产过程。

⑦ 现场出现的各种技术与质量问题施工者应及时反馈信息，均由现场技术人员进行及时处理。

[例 1]

① 下料 20#圆钢的坯件出现了不直问题，处理意见如下：

A．退回校直　　B．报废重补　　C．尽可能利用，以粗车后消除氧化皮为准

② 车外圆ϕ45r6 及内孔ϕ32H7 需留余量应为 0.4，实测为 0.3～0.25。经质量管理程序，处理意见由现场技术人员确定，即报废还是热处理从严把关，磨削特别留意要按超差利用处理。

③ 若渗碳淬火经检验，导套工件硬度为 HRC56 或渗碳层深小于 0.8 要求，实际检测为 0.7～0.6，则信息返回后，应进入质量管理程序予以处理。

④ 若磨外圆ϕ45r6 或内孔ϕ32H7，经检测尺寸超差，则按质量管理程序进行处理。

⑤ 若导套进入模架部件装配，出现与导柱配合导向运动发生卡滞现象，则由模具装配钳工进行调整和钳修，直至达到装配技术要求；若无法达到技术要求，则将信息反馈给质量管理程序。

⑥ 现场试模的技术管理内容与处理方式同上。

任务小结

从模架部件的导套零件制作过程的技术管理中可得几点启示。

1．模具的技术管理始于设计产于制造终于使用，这三大阶段管理的核心是保证模具的使用满足各项使用要求。技术管理的三个阶段分别由不同的专职技术人员与相应质保责任人同时实施。

2．模具生产的技术管理基本点为千方百计满足工艺加工要求达到图纸设计要求，最终实现试模合格投产使用。管理方式是信息跟踪、可控协调和现场处理。

3．模具生产的技术管理与质量管理、生产计划管理、使用管理等是相互配套同时进行的，它是企业管理系统中不可缺失的核心管理子系统。技术管理的程序只是一种科学模式，解决问题要靠专业科技知识。

4．模具技术管理的水平，是动态渐进式发展，随着工艺装备等硬件的更新和技术与信息等软件的改进，特别是信息化、数字化技术的应用，模具技术管理在不断面临的挑战中逐步走向现代化。

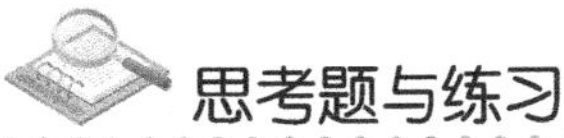

思考题与练习

试以题图中导柱为例，简述对其实施生产过程的技术管理内容与方法。

表 3-1

<table>
<tr><td rowspan="2">简明工艺卡片</td><td>数量</td><td>工装图号</td><td>SM50-1</td><td>零件名称</td><td>导套</td></tr>
<tr><td>2</td><td>产品图号</td><td>××××</td><td>材料牌号</td><td>20</td></tr>
<tr><td rowspan="2">序号</td><td rowspan="2">工序</td><td colspan="2" rowspan="2">工艺技术要求</td><td colspan="2">工时定额</td></tr>
<tr><td>准备</td><td>单件</td></tr>
<tr><td></td><td>1</td><td colspan="2">下料——热轧钢按ϕ52×115/件切断下料</td><td></td><td></td></tr>
<tr><td></td><td>2</td><td colspan="2">车外圆及内孔——车外圆并钻、镗内孔，车ϕ45r6 外圆面及ϕ32H7，内孔及外圆均需留磨削余量 0.4mm，其余达到设计尺寸</td><td></td><td></td></tr>
<tr><td></td><td>3</td><td colspan="2">检验</td><td></td><td></td></tr>
<tr><td></td><td>4</td><td colspan="2">热处理——按热处理工艺执行，保证渗碳层深度 0.8～1.2mm，硬度 HRC 58～62</td><td></td><td></td></tr>
<tr><td></td><td>5</td><td colspan="2">磨内、外圆——用万能外圆磨床磨外圆ϕ45r6 达到设计要求，磨内孔留研磨余量 0.01mm</td><td></td><td></td></tr>
<tr><td></td><td>6</td><td colspan="2">研磨——研内孔ϕ32H7 达到设计要求，并研磨孔口 R2</td><td></td><td></td></tr>
<tr><td></td><td>7</td><td colspan="2">检验</td><td></td><td></td></tr>
<tr><td></td><td></td><td colspan="2"></td><td></td><td></td></tr>
</table>

工艺：　　　　校对：　　　　定额：　　　　年　　月　　日

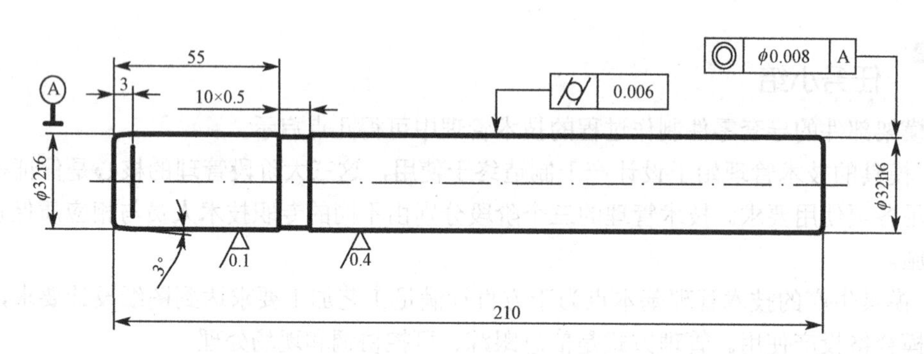

材料：20#
热处理：渗碳深度0.8～1.2mm，硬度HRC58～62

题图　导柱

模块四　模具生产的质量管理

人们对商品的质量极端重要性认识，随着社会的进步和飞速发展的科技不断创新而日益加深。世界各国及名牌创造企业都有一个很明确的共识：产品质量市场激烈竞争中立于不败之地的金钥匙，是克敌制胜的最有力的战略武器，与安全生产一样是企业的生命。始于 20 世纪初的质量检验到 20 世纪 50 年代的统计质量管理，从 20 世纪 60 年代后的全面质量管理到如今的 ISO9000 国际标准的质量管理体系的建立和实施，推动质量管理的应用和实践与创新，使之逐步发展成为一门系统的质量管理学理论。

模具是现代制造创业在批量生产中保证产品质量，提高生产效率，降低生产成本必不可少的工艺装备，它是生产工艺中高于产品精度的“硬件”，其质量的优劣直接关系到产品的质量和成本。因此，对模具的质量监控与协调管理，显得更加突出。改革开放以来，我国已将全面质量管理工作，纳入了法制监管的轨道，年产值超过千亿元的模具产业也不例外。本模块以模具为实物，讲述全面质量管理的基本原理，介绍模具质量管理的科学方法，展现模具生产质量管理全过程，以提高模具生产质量的保证意识和能力，通过不断的实践与努力，将有限的社会资源得以最大化利用，同时使企业获取最大化的利润，从而推动低碳经济的发展。

如何学习

通过了解模具营销的全过程，弄懂全面质量管理的基本原理，初步学会质量管理的一些常用工具，在实践中熟悉全面质量管理的运作流程，逐步融入模具生产的企业文化，为企业的生存与发展实现自我价值。

全面质量管理

一个组织以质量为中心，以全员参加为基础，目的在于通过让顾客满意和本组织所有成员及社会受益而达到长期成功的管理途径。

名词与术语

产品的质量——“一组固有特性满足要求的程度”（ISO9000）

1．狭义的质量：指单纯的产品实物的质量。

2．广义的质量：不仅指产品实物的质量，而且包含产品的交货期、成本、使用服务及一切工作的质量，还可指信誉、体系的质量。

3．产品的质量：是产品的使用价值，即产品满足使用要求而具备的质量特点，也就是使用适宜性。质量特征一般包括性能、寿命、可靠、安全、经济等。

产品质量一般体现于设计、平均、制造。销售服务和辅助生产的过程中，它是企业各项工作的综合反映。

4．工作质量：是企业管理工作、技术工作、组织与文化工作对提高产品的质量，提高经济效益的保证程度。工作质量是产品质量的保证。

任务一 全面质量管理的基本知识

任务描述

全面质量管理——TQC（Total Quality Control）演化至TQM（Total Quality Management）其概念和基本思想是什么？其特点及基础工作是什么？

任务分析

TQM的管理是世界上目前公认的一种先进、综合、全面的经营管理理念。

制造业生产的产品，若要想获得用户的青睐并长盛不衰，则TQM的管理理念和科学的管理方式是最佳的卓有成效的途径。要接受它，必须先学习它，消化它，进而在因地制宜中运用和创新发展它。掌握TQM的基础概念和思路，是为了企业的生存发展。

学习目标

学习TQM，掌握其基本知识，从而在模具生产中主动地应用，积极地探索，向着追求产品的质量更好的目标持续迈进。

任务完成

1．全面质量管理基本概念

全面质量管理，就是企业全体职工及所有部门同心协力，将专业技术、经营管理、数理统计和思想教育结合起来，建立以贯穿产品的研发、设计、生产、服务等全过程的质量保证体系，从而有效地利用有限的人力、物力、财力、信息等资源，提供出符合规定要求和用户期望的产品或通过抓好工作质量来保证产品与服务质量的不断提高。其基本思想主要体现在下列几个方面。

① 以顾客（用户）为中心。保证顾客满意是企业成功的核心原动力，因为顾客是企业的衣食父母，因此，质量管理要以顾客为中心，必须坚持用户至上和一切为顾客服务的思想，一切要从顾客的角度出发，树立并审视所有的质量管理体系，做到质量管理始于认识顾客的

需求，终于满足顾客的需求，使产品及服务质量全方位满足顾客要求。

② 预防为主，防患于未然。专业质量检验虽然可把不合格拒之门外，但这只是消极被动的事后把关，质量管理的重点应向前转移到积极主动的事前预防，从管结果转变为管因素。产品的质量不是检验出来的，而是生产出来的，从质量形成的源流抓起，将不合格的产品消灭在形成过程之中，才能实现防患于未然。

③ 持续改进。这是市场激烈竞争的必然要求，否则只能是昙花一现，在稳定控制基础上的持续改进是全面质量管理的精髓。

④ 着力于过程方法、运用于体系保障。产品的质量是在产品形成的全过程中实现的，其主要因素为人、机、科、法、环境等诸多生产要素，它们有机统一地运行，要靠人的计划、组织、协调、指导、监督、检查。全面质量管理以过程为对象就必须采用系统工程的方法，综合权衡影响产品的质量的所有因素，建立健全企业的质量管理体系，以此规范产品形成的全过程，保证产品的质量。

⑤ 以人为本。在影响产品质量的所有因素中，人是最活跃、最根本的。企业的一切工作和活动，都离不开人的主导。人具有无限的创造力、判断力和处理突发事件的应变力。突出人的主导作用，强调人的主观能动性，是推动实施全面质量管理的基本条件之一。

⑥ 以数据和事实说话。全面质量管理强调用真实、可靠地数据反映问题、分析问题和控制与提高质量。发现的质量问题的真实与可靠性是分析与解决问题的科学基础，必须一丝不苟，否则劳而无功。真实可靠性源于测试的各种信息数据，而解决问题的依据也是真实可靠地检测数据，因此，以数据和事实说话是全面质量管理的主要依据。

2. 全面质量管理的特点

全面质量管理的基本特点是"三全"、"一多样"、"一系统"。

"三全"指全面的质量，全过程的管理，全员参加。

1）全面的质量

全面的质量管理是广义上的质量，它包括的不仅是产品的质量，还重于关注其相关产品形成全过程的质量，也包括企业经营管理质量、服务与工作质量及员工的教育质量和质量的经济性质量，它几乎涵盖了企业的各项工作和活动，实施的是全方位的质量管理。

2）全过程的管理

要保证产的质量，着力于产品形成全过程的监管，"全过程"是指产品的质量的产生、形成和实现的整个过程，主要是指市场调研、产品的开发与设计、工艺设计、采购、工艺装备、加工制造、工序控制、检验、销售和服务等。对产品质量形成全过程的各个环节实施管理，形成一个综合性的质量管理体系，以实现"以防为主，防检结合，重在提高"的格局。

3）全员参加

产品的质量是企业全体职工与产品形成过程及各项经营管理业务工作质量的综合反映。它与企业全体员工的职业素质和技术水平息息相关，与管理者的管理水平和领导能力紧密相联。企业的任何人、任何一个环节的工作质量都会直接或间接地影响产品的质量，因而企业兴亡，匹夫有责，质量管理，人人有责。

4）质量管理方法多样化

全面质量管理是集管理科学和多种方法进行质量管理的一门综合性科学。全面、综合地运用多种方法进行质量管理，既是科学管理的客观要求，也是人们对质量要求越来越高的必然趋势。科学技术的发展为产品质量日益复杂的影响因素的深入精细分析和监控创造了可靠条件。要将物、人、技、管、内、外、环境等诸多影响因素系统地控制并统筹管理，显然单凭评审数理统计的一两种方法是不可能实现的，必须根据不同情况，灵活运用各种现代管理方法和措施加以综合管理。

5）系统性的工作性质

系统知识的运用，使“三全”、“一多样”有机结合起来，并实现系统的监控与统一的运筹运作。具体的讲，建立质量管理体系是全面质量管理的基本要求，推行全面质量管理，必须建立一个完善高效的质量管理体系，用以识别、记录、协调、维持和改进在整个企业的经营中为确保采取必要的质量措施所必需的全部关键性活动。质量管理体系正是这样一个企业协调一致运转的工作机制，它用文件的形式列出有效的、一体化的技术和管理程序，以便以最佳的可操作方式来指导人、机及信息流的协调活动，从而确保用户对质量的满意度和降低质量成本提高经济性。不言而喻，利用质量管理体系，可理顺各类质量活动，使之有法可依、有章可循。

3. 全面质量管理的基础工作

推行全面质量管理，要创造一些必要条件，这些必要条件就是做好一系列基础工作，其中最重要的是“四工作一责任制”。

1）质量教育工作

推行全面质量管理，要自始至终不断地开展质量教育工作，其目的在于不断强化质量意识，不断提高吸收国内外有关质量管理的新事物方法理念，不断提高质量管理的科学水平。它是一种企业文化。

2）标准化工作

标准化工作是全球经济一体化的要求，是企业现代化大生产中各项技术与管理工作的基础，是事实信息化管理的基础，如ERP系统管理，必然也是质量管理的基石，标准一方面是衡量产品的质量和工作质量的尺子，另一方面又是企业进行生产、技术和管理工作的依据，若无标准，则管理失去了依据。

标准化工作应做到具有权威性、科学性、连贯性、明确性和群众性，是一项制定法规性文件的重要工作。

3）计量工作

计量工作是保证产品质量的重要手段，包括检测、化验、分析等各项工作，是产生可靠数据的唯一渠道。计量的量值应准确统一。技术标准的贯彻，零部件的互换性及优质高产的运行，全要靠计量工作为支撑。计量工作主要包括四项主要内容：①正确合理的选择、使用计量器具和仪器；②严格按照检验规程对所有计量器具进行检查与检验；③及时修理与报废不合格的计量器具；④不断改进计量器具和计量方法，努力实现检验测试手段的现代化。

4）质量情报工作

质量情报是指反映产品质量和供产销各环节工作质量的基础数据、原始记录和使用中表现出来的质量状况数据。它是进行质量管理的原始凭证，是观察影响产品质量各因素和生产技术经营活动原始状态的依据，是分析监控产品使用质量的晴雨表和反映国内外产品质量的风向标。通过对产品情报的分析研究，可迅速而准确地揭示产品质量的各影响因素与产品质量波动的内在联系，从而认识并掌握提示产品质量的规律性。质量情报工作包括质量信息的收集、整理、分析与管理等。

5）质量责任制

建立质量责任制，就是以文件形式明文规定企业的每一部门、每一职工的具体任务、职责和权限，以便做到质量工作事事有人管，人人有专职，办事有标准，工作有考核。事实证明，只有建立严格的质量责任制，配置质量奖惩制度，才能调动广大职工的质量积极性，将质量责任制真正落实到实处。

4. 全面质量管理的基本方法

全面质量管理的基本方法，包括科学的工作程序和数理统计的基本方法及现场管理的支撑。

1）PDCA 循环法

PDCA 是英文中 Plan、Do、Check、Action——“计划、实施、检查、处理”的第一个字母连成的缩写，由戴明创立，又称戴明环。PDCA 循环是企业管理的一个科学的工作程序。无论企业、车间、班组都应遵循。PDCA 反映的是一项任何工作其中包括质量管理都必须经过的四个阶段。这四个阶段周而复始不断循环，使质量不断改进。图 4-1 为 PDCA 循环图。

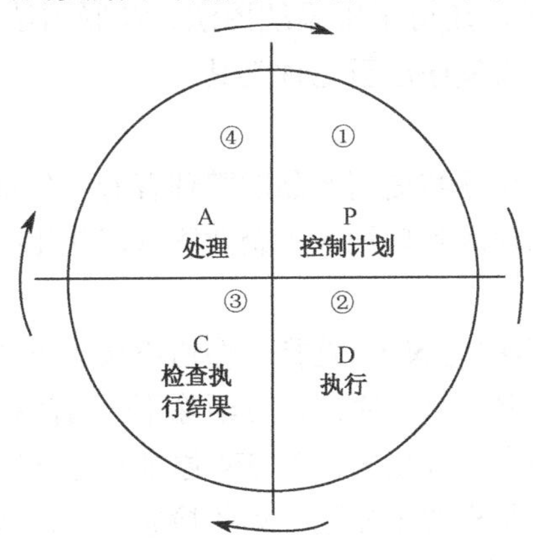

图 4-1　PDCA 循环图

PDCA 对各个阶段都有明确的要求，通常分为四个阶段、八个步骤，具体地说，四个阶段是 P 阶段，通过调查、设计、试验、制定技术经济指标、质量目标，管理项目及达到该目标的具体措施和方法，是计划阶段。D 阶段，按所制定的计划和措施去付诸实施，是执行阶段。C 阶段，检查执行效果，及时发现实施过程中的经验和存在问题，是检查阶段。A 阶段，根据检查结果，总结经验，找出教训以利再战，是处理阶段。

八个步骤是① 分析现状，找出存在的问题；② 分析影响质量问题的各因素；③ 找出不利因素；④ 针对主要因素制定措施计划；⑤ 执行措施；⑥ 检查实施执行情况；⑦ 总结成果，吸取教训，纳入标准化；⑧ 找出遗留问题，转入下一个 PDCA 循环。

PDCA 循环的特点：一是大环套小环，互相衔接，互相推进；二是滚动螺旋式上升，不断小环，不断上升，如图 4-2 所示。通过 PDCA 循环使质量管理系构成一个系统的大的 PDCA 循环，各部门、各环节又都有各自小的 PDCA 循环，同时又各自延伸到班组中的个人，以至形成一个大环套小环、小环套微环的综合质量管理体系，这像一部机器，机器上的各零部件均围绕质量这个中心进行统一协调、有效地运转。

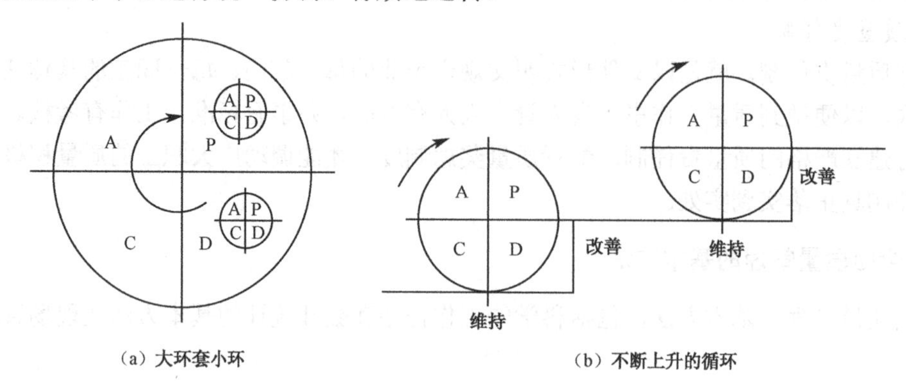

图 4-2　PDCA 循环特点示意图

2）数量统计方法

全面质量管理中所需要的数据，一般利用统计学中的数理统计工具获之。数量统计的工具是多种多样的，常用的科学整理量化数据工具有调查表、排列图、因果分析图、相关图、分层法、直方图和控制图七种，还可采用系统图法、关联图法、短阵图法、矢线图法、KJ 法、短阵数据分析法和过程决策程序法新七种工具。

3）良好的现场管理支撑

企业现场管理水平对整理保证和提高产品的整理有着十分重要的作用。目前，各现代化企业已将支撑全面质量管理的现场管理纳入了企业管理现代化的轨道。现场管理的主要方法有 3N、4m、5S。

① 3N 原则。3N 取意英语中的 NO，是指工序前不接受不合格品、工序中不生产不合格品、工序后不转交不合格品。坚持 3N 原则，可消除不合格品在生产过程中的疏通，最大限度避免不合格品流入市场给用户带来损失。将 3N 原则真正落实到实处，在制作过程中，依靠的是“四检制”，“四检制”是指四个相互互动的检验操作，即首检、自检、互检、专检。首检是操作者对加工的工件的节件和各批次制件中的第一件必须对照工艺与图样要求进行检查，验证是否达到要求、是否合格；自检是操作者对每个加工完的工件必须主动进行自我检测；互检是操作者之间互动的检验；专检是操作者将加工完的工件交专职人员进行检查验收。

② 4M 要素。4M 要素是指生产过程中影响质量的四大要素，即人（Man）、机器（Machine）、材料（Material）、方法（Method）。通过 4M 的严格管理，操作者能最大限度地发挥潜能，使机器处于最佳运转状况，使材料能最大限度地保证加工质量，使可采用的加工方法尽量最优。显然，在 4M 中，人为本，人是起决定性作用的关键因素。

③ 5S 活动。5S 是指现场整理（Seiri）、整顿（Seiton）、清扫（Seison）、清洁（Seiketsu）

和素养（Shitsuke）。5S 活动的实施，一方面可为企业员工创造一个安全、清洁、愉快的工作环境，保证他的身心健康，以增加归属感；另一方面可以保证质量、降低消耗、增加效益、提高企业形象。5S 活动，常称为制作过程质量管理的基础工作。

任务小结

1．全面质量管理是《质量法》规定的法定管理内容，各企业必须认真执行。必须始终坚持“质量第一，永远第一”的基本国策。

2．全面质量管理的核心是“一切为了顾客满意”。人是起决定性作用的重要因素，而提高产品质量是企业永恒的主题，也是我国经济建设的永恒主题。

3．全面质量管理是一种科学的系统性管理的模式，它所构建的以质量为主题的平台，不具有解决任何具体专业技术问题的能力，却是一个处理多因素并谋求解决质量课题的最科学的“软件”，如今已在全球范围内全面推广。

4．全面质量管理的推行实施是建立在一系列基础工作之上，具备一定条件的规范管理。五项基础支柱是标准化、教育、计量、情报和质量责任制。此外还有现场管理和生态质量管理等。

5．PDCA 循环不但是全面质量管理的基本方法，而且是从事管理工作的一个科学的工作程序，具有较强的适应性和指导性，应用范围广阔。各个级别的 PDCA 环，环环相套、有机协调地运动，使总体的 PDCA 环得以有序、和谐地运行，这和当今的科学发展观的要求是吻合的。

6．随着社会的进步和经济、科技的飞速发展，20 世纪 80 年代之后，质量及质量管理的内涵与外延发生了许多变化。主要是 ISO9000 现象、6σ 管理法、生态质量管理和“零缺陷”等。

知识链接

1．6σ 管理法

6σ 管理法是 20 世纪 80 年代末摩托罗拉公司创立的质量管理法。6σ 意为以 6 倍标准差为边界来控制产品的合格率。它表示每百万次活动或机会中不出现多于 3.4 次失误。6σ 管理法强调以 6σ 水平为目标，通过测量、统计分析、改进和控制来减少过程的离散程度，进而减少缺陷发生的几率。它原有的±3σ 统计质量控制是在质量管理方法上的拓展和延伸，但给企业创造了财富，取得了很好的经济效益。摩托罗拉公司自 1987 年到 1997 年的 10 年间，销售额增加了 5 倍，利润每年增加 20%，带来的节约额累计达到 140 亿美元。

2．生态质量管理

生态质量管理又称绿色质量管理，它以可持续性发展理论和生态平衡原理为指导，立足于“人——自然”大系统，重视产品的生态价值和生态质量（不污染环境、不破坏生态、不消耗或少消耗自然资源）；着力于生态工艺、技术和过程，着力于生态工艺在产品质量形成过程中的作用；强调清洁化生产，强调环保和资源再生利用。生态的产品形成过程一定是一种源于自然、始于自然，即自然——生产——消费——自然的过程。

3.“零缺陷”活动

“零缺陷”也称“缺点预防”。“零缺陷”活动要求全体员工从开始就正确地展开工作，以完全消除工作缺陷为目标，开展质量管理活动。零缺陷不是绝对无缺陷，而是指要以缺陷等于零为最终目标。“零缺陷”管理的核心在于强调预防作用，从人的心态和具体作业方面鼓励员工在做前就消除缺陷的可能性，处于积极主动的工作状态。

思考题与练习

1. 为什么“质量第一，永远第一”？
2. 全面质量管理是什么？
3. 全面质量管理的基本思想是什么？
4. 全面质量管理的基本特点是什么？
5. 实施全面质量管理的基本条件是什么？为什么？

任务二　模具的质量管理

任务描述

模具重合周期的全过程如下：需求 → 营销 → 订单 → 设计 → 制造 → 入库 → 交货 → （市场）用户使用 → 需求

显然模具的生命始于用户并终于用户。模具是制造产品的主要工艺装备之一，是为保证产品质量提高生产效益服务的。依照全面质量管理模式，根据模具满足使用的特点，其质量应得到如何有效的控制和保证？

学习目标

1. 了解模具生命周期过程的全面质量管理模式，熟悉其应用的原则和其特点与方法。
2. 熟悉模具质量管理的质控点和常用工具。
3. 培养参与 QC 活动的能力。

任务分析

模具是保证产品不可缺少的工艺装备，是加工产品的必备工具。其功能保证及使用的特性，使模具质量的重要性和必要性显得更为突出。生产产品的用户，根据其制造工艺要求提出使用模具的需求，进而步入订货环节，依订单进入模具的设计阶段、制造阶段，通过试模验收交货，用户使用模具直至模具报废。模具的质量应从源头——设计过程抓起，模具制造过程必须严格按工艺要求进行监控，通过使用过程中暴露的质量问题信息的反馈，千方百计解决工艺制造中的缺陷，从而保证正常使用要求，同时也应改进设计产生的毛病，促进模具质量的不断改进。所有这一切必须依赖于全面质量管理体系的高效运作。

任务开始

1. 实施全面质量管理

要想确保模具的质量，满足用户的使用要求，就必须在实现模具产品全过程中实施全面质量管理。按质量管理的国家标准 GB/T19000 系列标准要求，应立体系，抓源头，重工艺，力监控，保使用。

（1）建立或完善全面质量管理保证体系。即以系统性的过程为基础的监管模式，执行 GB/T19000 系列标准。主要工作如下：① 最高管理者依实情确定模具质量的质量方针和质量目标，组织编制“质量手册”。质量管理者与案例一样是质量的第一责任人；② 抓好三个策划，即质量管理体系的策划，产品实现的策划，设计和开发的策划；③ 着力于执行的落实，促进体系的高效运行。

（2）抓源头。模具质量的源头是模具设计。模具质量不是检验出来的，而是设计与制造出来的，所以必须通过管理手段给予保证。产品实现的策划十分重视设计与开发的策划。它有三个要求六个环节。三个要求是体系应确定① 设计和开发的阶段；② 适合每个设计和开发阶段的评审、验证和确认活动；③ 设计与开发的职责和权限。六个环节是① 设计与开发的输入；② 设计与开发的输出；③ 设计和开发的评审；④ 设计和开发的验证；⑤设计和开发的确认；⑥ 设计与开发更改的控制。

模具生产一般为单件少量生产性质，实际上企业在批量大的模具或大型模具（如汽车的覆盖件冲模）高精度的重点工序模具上开展设计和开发的策划外，企业通常强调的是做好设计评审与验证程序（使用方确认）工作即可。

（3）重工艺。若模具的设计决定其满足用户使用要求的性能并影响成本，则模具的制造工艺决定其成本和质量预期保证程度。工艺是制造的纲领性文件和规定的有关流程，它是一门专业性较强的技术。模具产品的实现一靠设计二靠工艺，因为模具制造过程的受控条件全来源于制造工艺的各工序的工艺要求。模具制造常采用简明的工艺过程卡片文件形成指导作业。每道工序的加工质量监控与检测成为全面质量管理的日常工作内容。工艺编制的质量应进行评审与验证确认。

（4）力监控。模具的全面质量管理体系使实现模具的全过程处于受控状态，对其各子过程的监视和控制是保证模具质量的最重要工作。监控的内容是各子过程实际检测的各种数据是否与设计工艺的要求相符合。经数理技术的分析，看过程控制是否出现异常。若发现失控或异常状态，则应立即运用 PDCA 循环找原因，谋举措加以解决。模具质量管理体系运行的着力重点应在于对各子过程实施有效的监控。一般在全面监控的基础上，模具制定质量监控重点放在外购件和重点零件加工及重点工艺的监控上。必要时建立相应的质点进行严格的监控，如设置模具工作零件的监控和精加工工序的监控点等。

（5）保使用。模具的正常使用是其价值的体现，也是满足用户要求，使之满意，达到全面质量管理目的的要求。模具不像其他工艺产品，它的质量验证是经过用户的实际试模合格来确认的，并且还要保证模具在设计时确定的使用寿命。因此，实现了模具产品仅仅是完成了设计与制造过程，其质量管理却要延伸到整个使用过程，售后服务的保证是其质量管理体系中不可缺少的一个子系统。例如，在设计中要考虑易损件的更换、维修配备问题，制造中要考虑装配工艺及操作问题等。

2．认真落实生产班级的质量体系建设

班组质量管理是企业执行全面质量管理的重要内容，其为提高模具产品质量的重要基础，也是全面质量管理保证体系中的重要平台。它体现了“三全”的思想，实现了以人为本的理念，是质保体系中最重要最充满活力的因素。

生产班组处于制造的第一线，是将模具图纸转变为实物的实践者和创造者，模具质量能否达到预期的标准，能否长期稳定和不断提高，均取决于班组质量管理。

（1）落实企业质保体系要求，抓好班组承担的质量任务是模具生产质量管理的基本要求。① 班组质量管理的重点是生产现场的制造质量。其主要任务有三个：第一，实现了模具的符合性质量，使加工制造的模具零件质量达到标准及图样、工艺的要求；第二，使生产现场影响产品质量的主导因素处于受控状态，最大限度地防止或减少不合格品的发生；第三，将生产制造中的质量问题及时反馈，为设计、工艺的改进提供依据。② 班组的质量管理的主要内容有工艺纪律的管理；设备的维护保养；产品质量责任制（四检制）的落实；生产现场的工序管理；产品质量的数据检测分析；产品质量的改进及安全文明生产管理等。工艺、设备、责任制是班组质量管理的基本要素，工序管理是其重点，它是体现全面质量管理“人、机、料、法”四大要素的平台，应为日常质量管理的常项；现场安全文明生产，如定置管理、5S 管理为质保创造更有利的条件，质量的数据检测分析验证受控状态的有效性和符合性，也是质量改进的依据；③ 班组质量管理的六项基本要求：人人牢记全面质量管理的方针目标，不断深化“质量第一”、“用户至上”的质量观念；严格执行技术与工艺标准，贯彻工艺纪律，做好设备、工具、图纸、工艺文件、夹具量具的维护保养工作，认真做好各项原始记录，精心操作，杜绝废品，认真做好不合格品的分类登记工作，要保证不合格品不出现在班组中；紧密关注关键工序、关键部位和薄弱环节的受控状态，发现异常及时排除或及时填写质量管理信息单，并向有关部门报告；认真开展四检制活动，认真把好质量关；组织 QC 小组活动，开展本班组的质量攻关活动；发生质量事故时，要组织全班组进行研究，及时采取措施加以解决，真正做到“三不放过”；④ 创建完善班组质量保证体系是企业质保体系中的基础性工作，是班组质量管理的高级阶段，是由被动管理型向主动创新型发展的必然趋势。其目的在于运用系统理论和方法把班组产品质量管理进一步系统化、程序化、制度化。其三要素为生产流程：生产准备、生产过程、用户访问；项目管理：质量管理点、设备点、检具、计量器具、现场管理、安全生产、均衡生产、工艺纪律；科学管理：管理工具、管理方法、管理制度、QC 小组。

3．数理统计方法的常用管理工具

数理统计方法的常用七种管理工具——调查表、分层法、直方图、散布图、排列图、因果图、控制图，其中调查表、直方图、排列图、因果图运用最多。

1）调查表

由于调查表直观、简明、操作方便而被广泛采用。这种为调查产品和工作质量及客观事物，或为了分层收集数据而设计的图表，因对象各异，形式呈现多样化。常用于质量管理的有三种。

（1）不良项目调查表

不良项目是指一个零件和产品不符合标准、规格、公差的项目，也称不合格项目。适用于生产中出现各种不良或缺陷的调查，表 4-1 所示为不良项目调查表。

表 4-1　不良项目调查表

项目日期	交验数	合格数	不良品/件			不良品类型			良品率（%）
			废品数	次品数	返修数	废品型	次品型	返修型	

注意设计调查表时，要简要突出重点，便于填写、记忆，填表的顺序要与调查、加工和检查的程序保持一致，数据要便于加工整理分析后及时反馈。另外在操作时，要定时、准时更换已填写的调查表并存档备用。

（2）缺陷位置调查表

常用于产品外观缺陷调查，需附产品外形图或展开图。表 4-2 所示为塔式起重机标准节喷漆质量缺陷检查表。

表 4-2　塔式起重机标准节喷漆质量缺陷检查表

标准节型号		喷漆缺陷/件					缺陷率 5
		色斑	泪痕	尘粒	光泽	部位	
工序							
检查总件数							
检查人					年	月	日

（3）频数调查表

它是作直方图所必需的原始资料，是大量测量获得的计量值数据。实测对象是被调查的工序或批量产品，规定用同等条件下的检测计量值。其实例详见后面的实例应用。

2）直方图

直方图适用于大量计量值数据进行整理加工，找出其统计规律，即分析数据分布形态，经过分析推断出工序或批量产品质量水平及其均匀程度，了解分析该工序或批量产品质量受控状态下质量分布特征的情况。可用于工序能力指数 CPK 的计算和发现生产过程中的一些质量问题及观察质量是否符合要求。直方图要求的数据量不少于 50，最好为 100 个以上。

［例 1］　某产品零件尺寸 $\phi 93.3_{-0.16}^{-0.03}$，经检测，得到频数表，见表 4-3。

表 4-3　频数分布表

组号	组界	组中	频数统计	fi
1	0.145～0.155	0.15	/ / /	3
2	0.155～0.165	0.16	/ / / / / /	6
3	0.165～0.175	0.17	/ / / / / / / / / / / / / / / / / / /	19
4	0.175～0.185	0.18	/ / / / / / / / / / / / / / / /	16
5	0.185～0.195	0.19	/ / / / /	5
6	0.195～0.205	0.20	/	1
合计				50

由频数表得 $\phi 93.3_{-0.16}^{-0.03}$ 的直方图如图 4-3 所示。

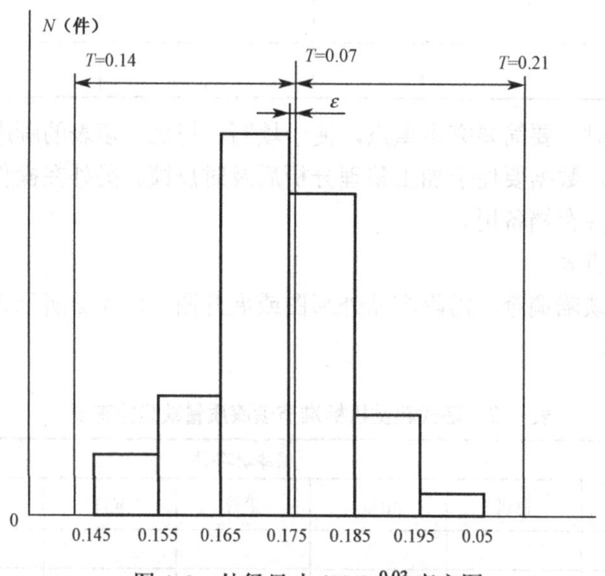

图 4-3　外径尺寸 $\phi 93.3_{-0.16}^{-0.03}$ 直方图

3）因果图（鱼刺图）

因果图是表示质量特性与原因关系的图表，主要用来分析质量问题产生的原因。是通过诸影响因素的层层深入分析研究找出产生质量问题的主要原因、次要原因、其他原因的一种简便而有效的方法。针对逐步分析找出的影响质量的主要、关键、具体原因，从而确定所要采取的措施。要因确认计划表见表 4-4。

表 4-4　要因确认计划表

序号	末端因素	确认内容	确认标准	确认方法	负责人	完成日期
1	专业技能培训不够	操作售货员是否经常接受专业技能培训，并掌握产品加工方法	上岗证 考试成绩	查阅培训记录 现场考核	×××	2007.03

续表

序号	末端因素	确认内容	确认标准	确认方法	负责人	完成日期
2	设备老化	设备性能能否满足生产要求	主轴跳动≤0.08 钻杆与主轴同轴度≤0.3 导轨直线度≤0.24	现场检测	×××	2007.03
3	油泵密封不严	油泵压力是否满足润滑液的输送要求	油泵压力≥0.5MPa	现场检测	×××	2007.03
4	切削参数不适合	所选切削参数是否利于铁屑易折断、排泄通畅	铁屑易折断 排泄通畅	现场检查	×××	2007.04
5	刀具角度不适合	所选刀具角度是否利于铁屑易折断、排泄通畅	铁屑易折断 排泄通畅	现场检查	×××	2007.04
6	强化锻打温度低	强化锻打温度是否满足材料塑性及韧性要求	AK（V）=170～180	理化试验	×××	2007.04
7	化学成分控制不合理	化学成分是否控制在合理的范围内	炼钢工艺规程	理化试验	×××	2007.04
8	锻造保温时间不够	保温时间是否满足材料硬度要求	材料硬度差≤20	理化试验	×××	2007.04
9	量具损坏	量具是否损坏，致使量具精度无法满足生产需要	量具精度	现场检查	×××	2007.03
10	量具超出检定周期	量具的使用合法性	量具检定周期	现场检查	×××	2007.03

要因确认过程（略）

图 4-4 为原因分析因果图通过因果图分析，共找出 10 个末端因素，分别为

- ✧ 专业技能培训不够
- ✧ 设备老化
- ✧ 油泵密封不严
- ✧ 切削参数不适合
- ✧ 刀具角度不合适
- ✧ 强化锻打温度低
- ✧ 化学成分控制不合理
- ✧ 锻造保温时间不够
- ✧ 量具损坏
- ✧ 量具超出检定周期

确定因素（略）

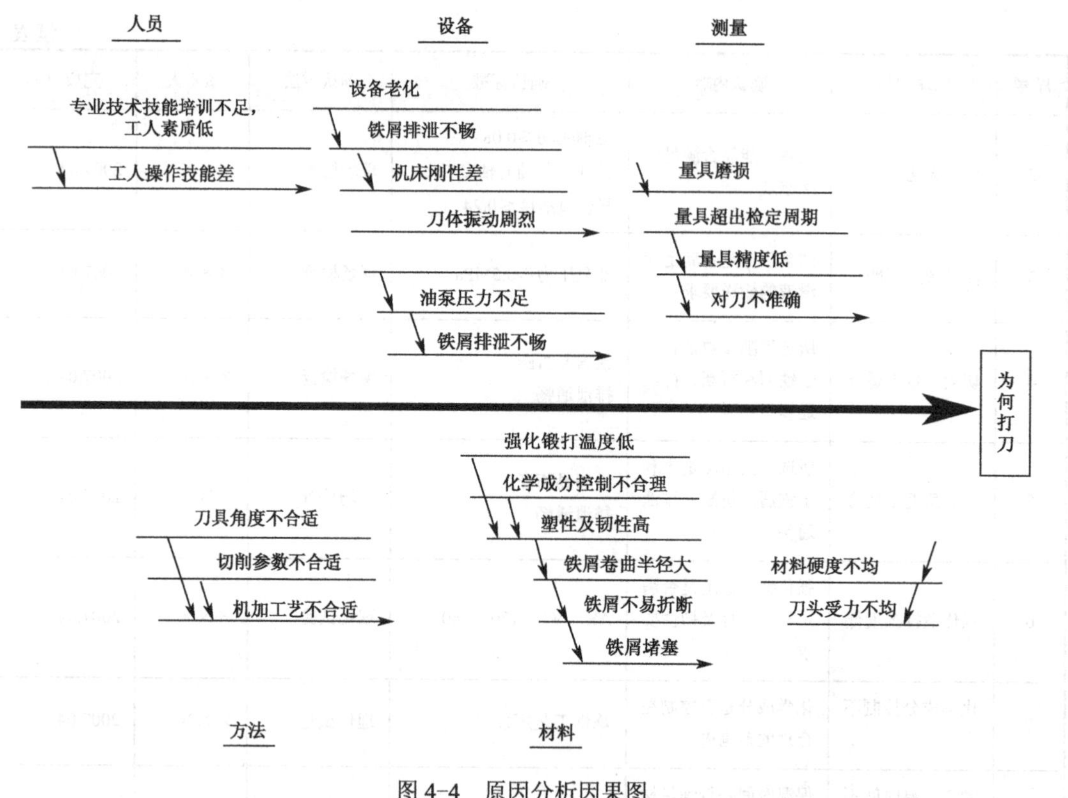

图 4-4　原因分析因果图

4. 积极开展 QC 小组活动

模具的全面质量管理的推进，一靠质保体系的实效运行，二靠企业全体员工参与得各种形式的 QC 小组活动。QC 小组是企业在生产或工作岗位上的员工，围绕企业的质量方针、目标及持续改进质量项目，以提高质量、经济效益为目的而自愿组织起来的开展质量管理活动的群众性组织。QC 小组的基本宗旨有三个重点，一是参与企业的全面质量管理活动，促进企业素质的提升，谱写企业文化的一大亮点；二是造就一个目标明确、相互尊重、齐心协力的战斗团队；三是倡导科学鼓励创新，为企业的可持续性发展打下基础。QC 小组应具有五项主要职责：

① 针对企业质量方针、目标和现场问题，制订 QC 小组活动的计划；

② 认真开展活动，认真做好记录，建立 QC 数据档案；

③ 及时总结 QC 成果，积极参加 QC 成果发布会；

④ 组织 QC 知识学习和培训；

⑤ 坚持定期用户访问（或下道工序、流程的访问），坚持质量信息的反馈工作。

QC 小组应以生产现场班组（或职能部门的科室）为主体，可邀请相关的技术与管理人员参加，也可由企业内跨部门人员组成，人数以 3～10 人为宜，一般不超过 15 人。QC 小组成立后，根据所选定的活动课题，向车间质管人员办理登记注册，并上报企业质管部门备案，跨部门的 QC 小组可直接注册，便于体系统一管理。

QC 小组活动程序，其基本活动程序是按 PDCA 循环推进，具体为八个步骤。

① 调研，主要是调研分析现状，找出存在的主要问题。

② 选课题定目标。根据调研结果的问题轻重缓急程度，经 QC 小组的充分研讨，认真分析小组解决问题的可能性，选择活动课题，拟定合理的目标值。注意 QC 小组选题每年不宜过多，以免力不从心贪多嚼不烂，每年选定 1～3 个课题为佳。

③ 分析问题生产的原因。这是整个活动的关键步骤，必须要小组每个成员各抒己见、集思广益，并运用因果图等工具找出产生问题的主要因素，通过现场 QC 活动验证与确认，制定对策方案。

④ 制定解决措施。针对产生问题的主要原因，共同商讨，制定出相应的解决专业措施及进度要求，并分工负责，落实到人。

⑤ 实施措施计划。按计划，各人根据分配的任务分头负责实施，并认真做好原始记录。QC 小组不能解决的对策，报告企业质管部门予以协调解决。

⑥ 检查实施效果。是否达到预期的目标，要用实施后的检测的数据说话，运用各种数理统计方法进行检查证实。

⑦ 标准化。此步骤为了保证和巩固活动成果，将 QC 小组采取的有效措施纳入图纸、工艺的修订或有关规章制度的完善修改中，使之常态化、制度化。

⑧ 总结提高。QC 小组活动取得成效后，要及时总结经验教训，写出书面成果报告并予以发表。这仅是质量改进过程的一个逗号，对还没有解决的已上升到主要因素的遗留问题，再选课题，组织新的 QC 小组展开新一轮的 PDCA 循环。

任务小结

1．模具质量管理必须遵循 GB/T19000 系列标准要求，应考虑到模具生产是单件少量生产规模，制造精度高于为其服务的产品及现场试模验收等特点，因地制宜进行全面质量管理的推行工作。

2．模具质量管理形式的多样性。鉴于目前国内生产模具的企业的结构形式以中、小型企业为主，有的是属于大企业下的子公司（是相对独立市场运作，也是以服务于大企业生产为主外协加工为辅），有的是个体民营独资企业或股份制企业，有的是国有企业或国家控股企业，虽然在管理模式上是统一按国标执行的，但具体管理形式呈现多样化，目的均为保证、控制和提高模具质量。

3．模具质量管理必须从抓好基础管理工作开始，虽然适用于大批量生产的质量管理方法，有许多方法这里已不适用，实践证明，其基本准则和原理与模式是相当有效的。要逐步创造条件，或在现有的基础上进行改进提高创新。这是目前国内从事质量管理理论和实践者研究的热门话题，即 SPC 对中小型企业质量管理的研究与应用。

4．积极开展与运用计算机中关于质量管理的软件，推进质量信息的现代化管理。由于信息技术特别是网络技术日新月异的发展，大大加快了制造业信息化的进程，它在给质量管理提出新的要求同时也为其提供了强有力的支持。为模具专业标准零件的生产质量信息的快捷、准确和整理提供了无限的良机。另外对模具工作零件的质量监控也创造了一个保障条件。各种计算机辅助质量管理（CAQ）和质量信息系统（QIS）软件应运而生，对于模具制造重点在于应用性的研究。

知识链接

1．SPC——Statistical Process Control 统计过程控制。该理论是全面质量管理的基础。

2．CAQ——Computer Aided Quality Management 计算机辅助质量管理。它强调要充分利用计算机及信息技术帮助人们开展统计过程控制、数据分析、体系文件管理、6σ管理等工作软件，为各项管理工作提供决策支持并实施质量信息的管理。

3．QIS——Quality Information System 质量信息系统。QIS 软件侧重于对产品形成过程、企业经营权及质量管理活动中所产生的大量与质量有关的信息进行管理。QIS 用于质量信息的收集、整理、储存和使用并实施控制。是列于 ERP 现代化管理大系统的一个功能模块。

4．某企业工模具公司的质量管理的方针目标要求示例。

一个确保：确保公司全年质量方针目标的实现。

一个目标：实现模具质量全年零部件零缺陷，保证模具一次交验合格率 98%。

实施措施。

应做到三个熟悉：

1．熟悉产品图纸；

2．熟悉产品生产工艺；

3．熟悉操作规程；

两个必须：

1．必须做好质量记录，积极参加 QC 活动；

2．必须填好流动工艺卡片。

四个务必：自检、首检、互检、专检。

四不放过：若出现质量问题，不查明原因不放过；不受到教育不放过；采取措施后未解决问题不放过；未完善工艺技术文件不放过。

要求：严格工艺纪律，严格执行质量管理奖惩办法。

口号：质量兴业，人人有责。

思考题与练习

1．模具生产有何特点？应如何实施质量管理？

2．模具质量管理的基础性工作有哪些？

3．模具质量管理的重点在何处？为什么？

4．为什么要参加 QC 小组活动？应如何做？

任务三　质量管理实例

任务描述

模具的质量管理不像批量制造的机电产品那样如鱼得水，其管理工具的选用性受到数理统计方法的限制，但全面质量管理的法规性执行要求是硬性指标，特别是出口的模具产品，没有权威性的质量认证是出不了国的，而目前我国的高精尖、大型模具大多仍然依靠进口，模具质量还处于相对滞后的成长阶段。随着模具产业的发展壮大，制造管理技术的进步及专业标准化水平的提高，模具质量管理的成熟完善必定指日可待。现以机械产品的 QC 为例，为模具管理提供借鉴。

学习目标

1. 通过实例理解全面质量管理的基本原则和方法。
2. 通过实例熟悉数据分析及其工具的应用。
3. 通过实例了解 QC 小组活动的实施，以培养参与的技能和话语权。

任务分析

实例应体现全面质量管理的八项基本原则，符合全面质量管理的要求，达到质量改进的目标。QC 成果是一个很好的平台。

任务完成

实例　提高××钻具深孔加工效率

××钻具攻关 QC 小组

1. 前言

××钻具是我公司在自己研制的材料基础上，采用特殊的强韧化工艺制造成功的，其各项性能指标满足标准要求，经国内各大油田实际使用，证明质量良好。该产品性价比与国外进口产品相比有明显优势，完全可以替代进口，市场前景十分广阔。

但 2007 年 2～3 月期间，××钻具的深孔加工效率明显下降，严重影响了公司××钻具的生产进度。为完成公司年生产×××支××钻具的战略目标，公司技术部成立了 QC 小组，并确立以“提高××钻具深孔加工效率”为课题，展开了卓有成效的活动。

2. 小组概况

小组概况图如图 4-5 所示。

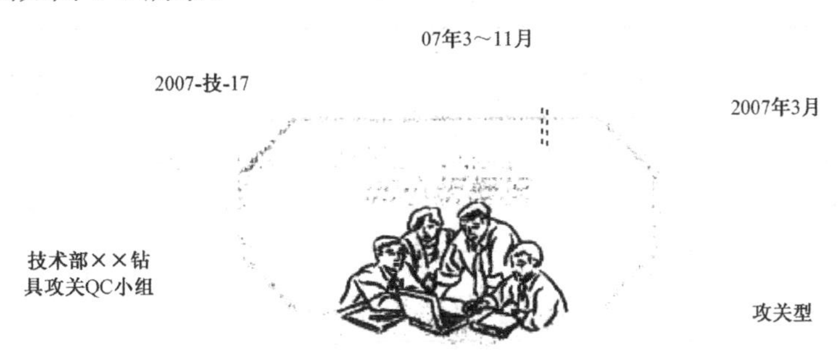

图 4-5　小组概况图

3. 成员简介

小组成员一览表见表 4-5。

表 4-5　小组成员一览表

序号	姓名	性别	文化程度	职务	组内职务	组内分工	QC 培训时间（h）
1	×××	男	本科	技术部主任	组长	活动策划	72
2	×××	男	本科	技术部副主任	副组长	组织协调	72
3	×××	女	大专	技术部机加组组长	组员	实施	64
4	×××	男	本科	质量管理部副部长	组员	实施	64
5	×××	男	大专	技术部机加组技术员	组员	实施	64
6	×××	女	中专	机加厂技术组组长	组员	实施	64

4. 选题理由

课题选择演示图如图 4-6 所示。

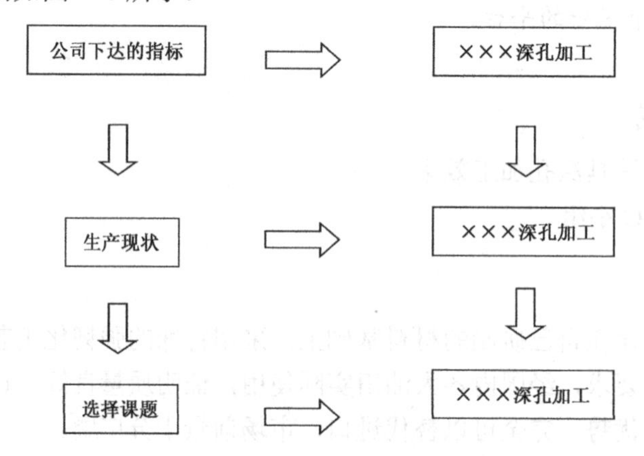

图 4-6　课题选择演示图

5. 活动计划

活动一览表见表 4-6。

表 4-6　活动一览表

阶段	时间 / 项目	2007 年								
		3	4	5	6	7	8	9	10	11
P	选择课题	→								
	设定目标	→								
	确定目标及可行性分析	→								
	原因分析	→								
	确定要因		→							
	制定对策			→						

续表

阶段	时间 项目	2007年								
		3	4	5	6	7	8	9	10	11
D	按对策实施			→						
C	效果检查				———	———	———	———	———	→
	巩固措施									→
A	总结和体会									→
	今后打算									→

6. 确定目标及可行性分析

1）确定目标值

目标值柱状图如图 4-7 所示。

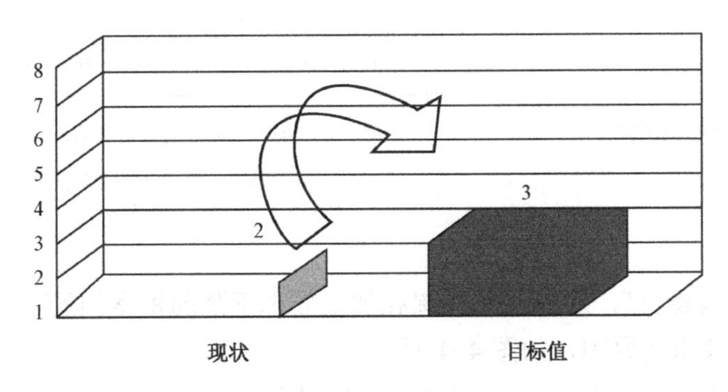

图 4-7　目标值柱状图

2）现状调查

2007 年 2～3 月期间，机加厂加工的××钻具与 2006 年相比，打刀情况特别严重。尤其是 2 月份，问题严重的几分钟就打一把刀，操作工需反复换刀、对刀，辅助时间增加，机加厂只能采取相应措施，如降低转速和进给，造成钻孔时间明显增加。通过对 2006 年与 2007 年 2～3 月间××钻具深孔加工的各工步平均所需时间及平均刀具消耗进行统计对比，结果见表 4-7。

表 4-7　深孔加工各工步统计结果对比表

年度	找正、装卡（h）	对刀、换刀（h）	钻孔（h）	其他（h）	加工效率（支/天）	刀具消耗（付/支）
2006	0.3	0.5	6.7	0.5	3	2
2007.2~3	0.3	2.2	9	0.5	2	6

结论：造成钻具深孔加工效率降低的根本问题就是打刀严重。

3）可行性分析

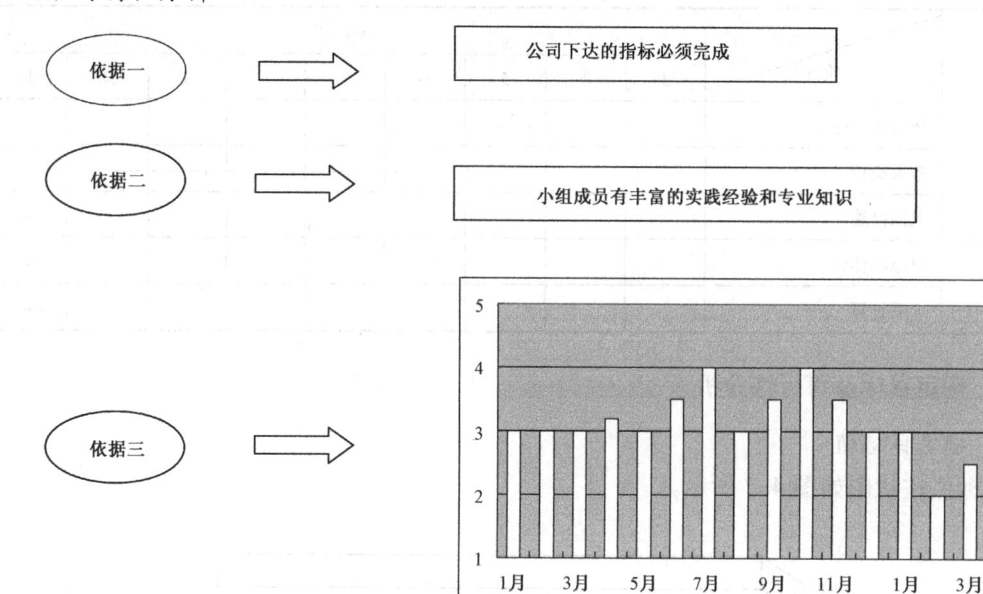

后面的1月和3月代表2007年

由上图可看出06年目标是可以达到的，并有一定的超额，此次实属异常情况，所定目标值完全可以达到。

7. 原因分析

小组召开了“诸葛会”，对造成钻具深孔加工效率下降的根本问题“打刀严重”采用因果图进行分析，寻找末端原因，如图4-4所示。

通过因果图分析，共找出10个末端因素，分别为

- ✧ 专业技能培训不够
- ✧ 设备老化
- ✧ 油泵密封不严
- ✧ 切削参数不适合
- ✧ 刀具角度不合适
- ✧ 强化锻打温度低
- ✧ 化学成分控制不合理
- ✧ 锻造保温时间不够
- ✧ 量具损坏
- ✧ 量具超出检定周期

8. 确定要因

要因确认计划表见表4-4。

要因确认过程

1）确认一

末端因素：专业技能培训不够

确认过程：2007年3月20日，由×××查阅操作人员的培训记录，操作工均经过考试合格，并持有有效的设备操作证和上岗证。同时操作人员进行现场技能考核，考核情况见表4-8。

表4-8　技能考核统计表

序号	姓名	岗位	应知	应会	结果
1	×××	深孔	98	98	合格
2	×××	深孔	95	96	合格
3	×××	深孔	96	97	合格
4	×××	深孔	98	97	合格

确认结论：非要因

2）确认二

末端因素：设备老化

确认过程：2007年3月20日，由×××查阅设备维修、保养记录，并进行现场检测，结果见表4-9；虽然设备已使用多年，但机床性能稳定，满足生产需要。

表4-9　机床检测数据统计表

设备型号	项目	主轴跳动（mm）	钻杆与主轴的同心度	导轨直线度mm
QJ-024	机床要求	0.08	0.3	0.24
	实测数据	0.06	0.28	0.2
	实测数据	0.05	0.25	0.22
	实测数据	0.06	0.28	0.22

确认结论：非要因

3）确认三

末端因素：油泵密封不严

确认过程：2007年3月24日，由×××现场检测机床油泵压力和工作情况，结果见表4-10，显示油泵压力满足切削液的输送要求，并且油泵各部位连接紧密，密封良好，满足生产需要。

表4-10　油泵检测数据统计表

设备型号	项目	油泵压力（MPa）	密封效果
QJ-024	机床要求	0.5	良好
	实测数据	0.6	良好
	实测数据	0.6	良好
	实测数据	0.7	良好

确认结论：非要因

4）确认四

末端因素：切削参数不合适

确认过程：2007年4月20日，由×××现场调查，发现铁屑卷曲粘连，致使铁屑堵塞钻杆、排屑不畅，造成打刀。现场跟踪三天，加工了5支工件，调查情况见表4-11。

表4-11　调查情况统计表

炉锭号	孔径	铁屑情况	排屑情况	打刀情况
38166-3	ϕ71.4	粘连、不易折断	不畅	严重
38116-4	ϕ71.4	粘连、不易折断	堵塞	较严重
38166-7	ϕ76.2	粘连、不易折断	不畅	严重
38167-5	ϕ76.2	粘连、不易折断	堵塞	较严重
38169-1	ϕ50.8	粘连、不易折断	堵塞	较严重

确认结论：是要因

5）确认五

末端因素：刀具角度不合适

确认过程：2007年4月20日，由×××现场调查，由于塑性、韧性明显增高，强度明显降低，原来的刀具角度已不再适合，对于性能差的工件更难于加工，造成打刀严重，生产效率下降。

确认结论：是要因

6）确认六

末端因素：强化锻打温度低

确认过程：由×××抽取了攻关前6个批次和攻关期间4个批次进行了性能试验，见表4-12和表4-13。结果显示攻关前××钻具的冲击功（Ak）平均值为175J，而现状中平均值为205J，材料的塑性明显增高，并且强度偏低，韧性偏高，致使铁屑韧性高、塑性大，不易折断，且卷曲半径大，不易被排出，造成堵塞打刀，而强化锻打温度低是塑性高、韧性高的主要原因。

确认结论：是要因

表4-12　屈服强度对比表

炉号	锭数	σ0.2＜800MPa试样数	σ0.2＜800MPa试样占试样总数比例	σ0.2＜758MPa试样数(不合格)
现状				
38564	10	13	13/20=65%	1
38565	13	6	6/26=23%	0
38566	11	7	7/22=32%	2
38567	13	11	11/26=42%	2
攻关前				
38116	12	0	0	0
38117	11	4	4/22=18%	0
38118	13	3	3/26=12%	0
37927	10	3	3/20=15%	0
37928	11	4	4/22=18%	0
37929	10	3	3/20=15%	0

表 4-13　力学性能对比表

批合格率	批平均 σ0.2	批平均 σb	批平均屈强比 σ0.2/σb	批平均 Ak
攻关前				
100%	825	970	85%	177
现状				
94.2%	812	955	85%	205

7）确认七

末端因素：化学成分控制不合理

确认过程：由×××抽取了攻关前 4 个批次和攻关期间 4 个批次进行了冶炼成分试验，统计结果略。

确认结论：非要因

8）确认八

末端因素：锻造保温时间不够

确认过程：由×××从 38566 炉号中取一试片，进行了硬度试验，见图 4-8 和表 4-14。结果该试片硬度差别较明显，证明材料硬度不均匀，深孔加工中容易造成刀头受力不均而打刀。而保温时间太短，容易造成工件阴、阳面，致使硬度不均匀。

确认结论：是要因

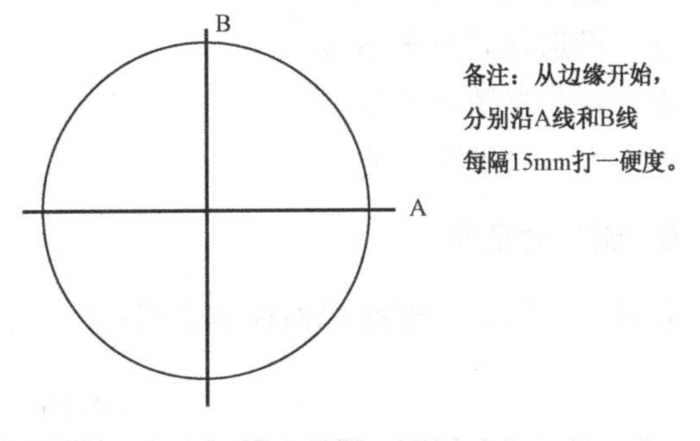

图 4-8　硬度试验示意图

表 4-14　硬度试验结果表

序号	A 线（HB）	B 线（HB）
1	321	319
2	325	323
3	315	317
4	297	298
5	297	292
6	298	292
7	273	273
8	275	270
9	271	275
10	270	267
11	280	280
12	275	270

9）确认九

末端因素：量具损坏

确认过程：由×××将量具交给理化计量中心进行重新检定，量具无损坏且量具的误差及精度都符合工艺要求，可以满足钻具深孔加工的要求。

确认结论：非要因

10）确认十

末端因素：量具超出检定周期

确认过程：由×××将现场所有在用的计量器具进行检查，检查结果都是在检定周期内，满足量具的使用要求，可以满足钻具深孔加工的需要。

确认结论：非要因

针对因果图及要因确认，小组成员对诸多复杂因素进行认真对比分析，确定了造成“打刀严重”的主要原因为

✧ 强化锻打温度低
✧ 锻造保温时间不够
✧ 切削参数不合适
✧ 刀具角度不合适

9．制定对策表

针对主要原因，根据 5W1H 制定对策表，见表 4-15。

表 4-15　对策表

要因	对策	目标	措施	实施地点	完成时间	负责人
强化锻打温度低	提高强化锻打温度	降低材料塑性、韧性	调整最佳的强化锻打温度，保证材料处于稳定状态	工艺室 生产现场	2007.5	×××
锻造保温时间不够	延长保温时间	保证保温时间足够长	延长保温时间，加强过程控制	工艺室 生产现场	2007.5	×××
切削参数不合适	优化切削参数	找出最佳切削参数	利用正交试验确定切削参数的最优组合	工艺室 生产现场	2007.5	×××
刀具角度不合适	优化刀具角度	找出最佳刀具角度	利用正交试验确定刀具角度的最优组合	工艺室 生产现场	2007.5	×××

10．按对策实施

实施一　提高强化锻打温度

小组成员通过查询锻造手册及摸索工艺，并结合实际加工经验，决定调整锻造工艺，将强化锻打温度由原来的 750℃～770℃调整到 760℃～780℃，保证材料性能处于稳定状态，解决其强度偏低、韧性偏高、塑性偏高的问题，并进行试验分析，其性能对比见表 4-16 和表 4-17。

表 4-16　屈服强度对比表

炉号	锭数	σ0.2＜800MPa 试样数	σ0.2＜800MPa 试样占试样总数比例	σ0.2＜758MPa 试样数(不合格)
强化锻打温度 750℃～770℃（调整前）				
38564	10	13	13/20=65%	1
38565	13	6	6/26=23%	0

续表

炉号	锭数	$\sigma_{0.2}$＜800MPa 试样数	$\sigma_{0.2}$＜800MPa 试样占试样总数比例	$\sigma_{0.2}$＜758MPa 试样数(不合格)
强化锻打温度 750℃～770℃（调整前）				
38566	11	7	7/22=32%	2
38567	13	11	11/26=42%	2
强化锻打温度 760℃～780℃（调整后）				
38732	12	0	0	0
38733	11	4	4/22=18%	0
38734	6	3	3/12=25%	0
38735	10	9	9/20=45%	0
38736	7	5	5/14=35%	0
38737	7	2	2/14=15%	0

表 4-17　力学性能对比表

批合格率	批平均 $\sigma_{0.2}$	批平均 σ_b	批平均屈强比 $\sigma_{0.2}/\sigma_b$	批平均 Ak
强化锻打温度 750℃～770℃（调整前）				
94.2%	812	955	85%	205
强化锻打温度 760℃～780℃（调整后）				
100%	830	985	85%	175

目标检查：通过以上对比，我们可以看出，强化锻打温度提高，钢的屈服强度和抗拉强度有所提高，冲击韧性明显降低，表明材料的强度提高，塑性降低，使材料处于稳定状态，符合对策目标所需达到的要求。

实施二　延长保温时间

为避免加热时出现硬度不均现象，小组成员通过认真讨论，决定适当延长保温时间（原保温时间为 2.5～3h），延长至 3～4.5h，并加强过程控制，严格按工艺要求执行，杜绝保温时间不够就转入下道工序等现象，并在 38734 炉中取一试片，进行了硬度试验，试验结果见表 4-18。

表 4-18　硬度试验结果表

序号	A 线（HB）	B 线（HB）
1	321	319
2	325	323
3	315	317
4	297	298
5	297	292
6	304	292
7	295	292
8	292	290
9	302	300
10	311	317
11	323	321
12	319	323

目标检查：由此片的硬度可以看出，钻坯保温时间充足，保温效果良好，硬度均匀。并据操作工反映，此批钻坯的均匀性较好，加工性能改善很大，很少出现因材料硬度不均匀导致打刀的问题，满足了对策目标的要求。

实施三　优化切削参数

通过正交试验设计法选择最佳的切削参数。

1. 试验目的：为找出最佳切削参数，选用正交试验 L9（34）对影响铁屑质量的三个切削参数——进给量、主轴转数和刀杆转数加以优化。见表 4-19。

表 4-19　正交表 L9（34）

因素	进给量	主轴转数	刀杆转数	铁屑堵塞严重数/支
试验号	A	B	C	
1	A1	B1	C1	3
2	A1	B2	C2	3
3	A1	B3	C3	2
4	A2	B1	C1	2
5	A2	B2	C2	3
6	A2	B3	C3	2
7	A3	B1	C1	4
8	A3	B2	C2	1
9	A3	B3	C3	2
K1	8	9	7	
K2	7	7	6	
K3	7	7	9	
K1/3	2.67	3	2.33	
K2/3	2.33	2.33	2	
K3/3	2.33	2.33	3	
R	0.37	0.67	1	

2. 确定因素：进给量、主轴转数和刀杆转数。

3. 水平：通过查询切削加工手册和实际加工经验，对三个因素各选三个水平，制定因素位级，见表 4-20。

表 4-20　因素位级表

因素	进给量（mm/mim）	主轴转数（r/min）	刀杆转数（r/min）
位级	A	B	C
1	38	35	210
2	52	46	388
3	60	57	478

因素各水平对标准偏差的影响图如图 4-9 所示。

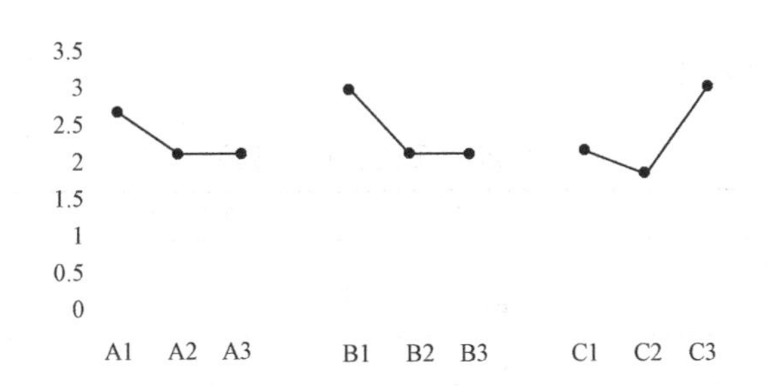

图 4-9　因素各水平对标准偏差的影响图

试验结果表明，8 号试验 A3B2C2 为最佳因素组合，从极差分析来看，在三个切削参数中，影响产品铁屑堵塞严重的重要程度是 C＞B＞A。

因此，经过试验，我们确定了最佳切削参数：进给量为 52mm/min，主轴转数为 46r/min，钻杆转数为 388r/min。

在试验的基础上将最优的组合 A3B2C2 用于小批量的生产验证，并对全过程进行了跟踪统计，经过现场确认，10 支工件的加工情况统计表见表 4-21。

表 4-21　加工情况统计表

序号	炉锭号	铁屑情况	排屑情况	刀具消耗（付/支）	所用时间（h/支）
1	38171-3	易于折断	畅通	2	7.7
2	38171-4	易于折断	畅通	2	8
3	38171-5	易于折断	畅通	2	7.5
4	38171-6	易于折断	畅通	2	7.5
5	38171-7	轻微粘连、但可折断	不畅但没形成堵塞	4	8.5
6	38171-8	易于折断	畅通	3	8
7	38171-9	轻微粘连、但可折断	不畅但没形成堵塞	5	9
8	38172-1	易于折断	畅通	2	7.5
9	38172-2	易于折断	畅通	2	7.8
10	38172-3	易于折断	畅通	2	7.5

目标检查：优化了切削参数，解决了问题，保证生产顺利进行。

实施四　优化刀具角度

通过正交试验设计法选择最佳的刀具参数。

① 试验目的：为找出最佳刀具参数，我们选用正交试验 L9（33）对影响断屑情况的三个参数——前角、断屑槽宽度和断屑槽深度加以优化。

② 确定因素：前角、断屑槽宽度和断屑槽深度。

③ 水平：通过查询切削加工手册和实际加工经验，我们对三个因素各选三个水平，制定因素位级，见表 4-22。

表 4-22　因素位级表

因素	前角（°）	断屑槽宽度（mm）	断屑槽深度（mm）
位级	A	B	C
1	13	9	1.3
2	14	8.5	1.5
3	15	8	1.7

正交表 L9（33）见表 4-23。

表 4-23　正交表 L9（33）

因素	前角	断屑槽宽度	断屑槽深度	不易断屑工件数/支
试验号	A	B	C	
1	A1	B1	C1	4
2	A1	B2	C2	3
3	A1	B3	C3	2
4	A2	B1	C1	2
5	A2	B2	C2	1
6	A2	B3	C3	2
7	A3	B1	C1	2
8	A3	B2	C2	2
9	A3	B3	C3	2
K1	9	8	8	
K2	5	6	7	
K3	6	6	5	
K1/3	3	2.67	2.67	
K2/3	1.67	2	2.33	
K3/3	2	2	1.67	
R	1.33	0.67	1	

因素各水平对标准偏差的影响图如图 4-10 所示。

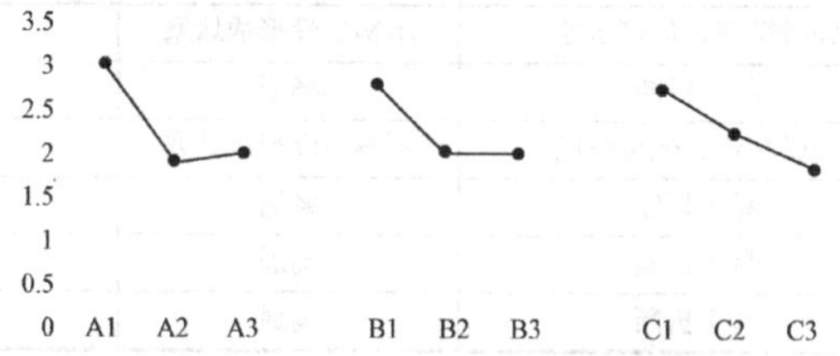

图 4-10　因素各水平对标准偏差的影响图

试验结果表明，5 号试验 A2B2C2 为最佳因素组合，从极差分析来看，在三个参数中，影响产品断屑堵塞严重的重要程度是 A>C>B。

因此，经过试验，确定了最佳刀具参数：前角为 15°，断屑槽宽度为 8.5mm，断屑槽深度为 1.5mm。刀具尺寸对比图如图 4-11 所示。

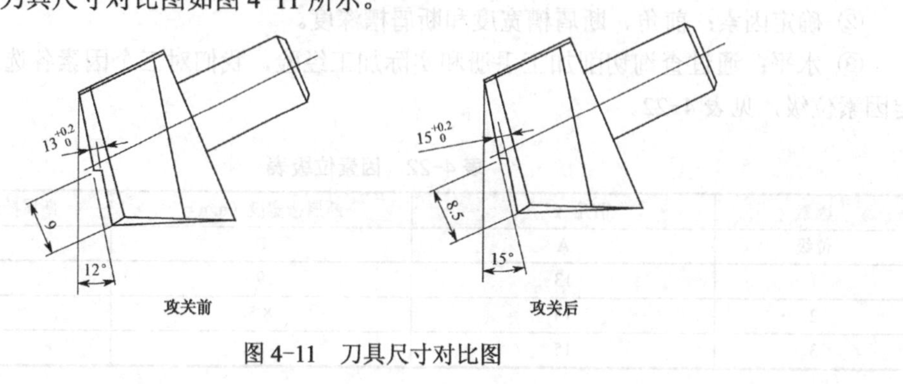

图 4-11　刀具尺寸对比图

在试验的基础上将最优的组合 A2B2C2 用于小批量的生产验证，并对全过程进行了跟踪统计，经过现场确认，10 支工件的加工情况统计表见表 4-24。

表 4-24 加工情况统计表

序号	炉锭号	铁屑情况	刀具消耗（付/支）	所用时间（h/支）
1	38173-2	易于折断	2	7.5
2	38173-3	易于折断	2	7
3	38172-6	易于折断	3	8
4	38172-7	易于折断	2	7.5
5	38172-8	易于折断	3	8
6	38172-9	易于折断	2	7
7	38173-1	易于折断	2	7.7
8	38172-1	铁屑轻微粘连	4	8.5
9	38172-2	易于折断	2	7.2
10	38172-3	易于折断	2	7.5

目标检查：优化了刀具，解决了问题，保证生产顺利进行。

11. 检查效果

（1）目标检查：2007 年 6～8 月我们对钻具的深孔加工各工步平均所需的时间及平均刀具消耗情况进行了统计，统计结果对比见表 4-25。

表 4-25 2007 年 6～8 月深孔加工各工步统计结果对比表

年度	找正、装卡（h）	对刀、换刀（h）	钻孔（h）	其他（h）	加工效率（支/天）	刀具消耗（付/支）
攻关前	0.3	2.2	9	0.5	2	6
攻关后	0.3	0.4	6.5	0.5	3.2	2

结论：从表 4-25 中我们可以看出，攻关后对刀、换刀及钻孔的时间明显降低，加工效率大大提高，达到了目标值的要求。

（2）巩固期：2007 年 9～10 月我们对钻具的深孔加工情况进行了统计，从统计表 4-26 中可以看出，每个月的刀具消耗为 2 付/支，加工效率为 3～3.3 支/天，达到了制定的目标值，并有一定的超额。

表 4-26 2007 年 9～10 月钻具的深孔加工情况统计表

月份	产量	刀具消耗（付/支）	加工效率（支/天）
9	60	2	3
10	56	2	3.5
合计	116	2	3.3

可以用作图的形式，更加明显的对比攻关前、后及目标值的情况，如图 4-12 所示。

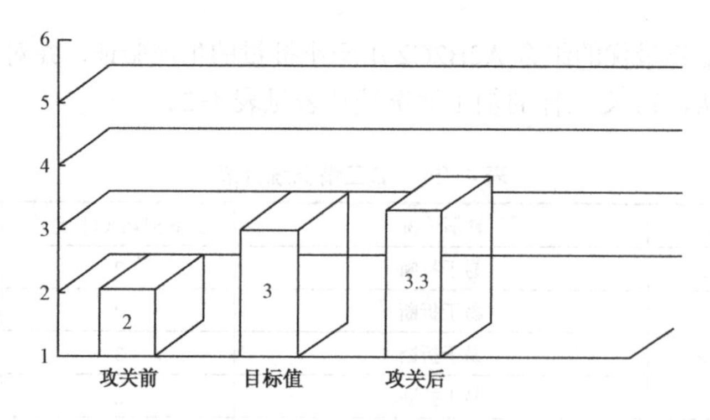

图 4-12　加工效率对比柱状表

（3）经济效益：按公司年生产××支××钻具的目标考虑，1～3 月份已生产了 100 支，还剩××支需加工。

（4）降低损失费用：从表 4-27 中我们可以看出，攻关后刀具消耗降低了 4 支/付，加工时间提高了 4.5h/支。按刀具费用 120 元/付，工时费用 6 元/h 计算，我们可以得出

刀具消耗节省费用：500×4×120=24 万元

工时成本节省费用：500×4.5×6=1.35 万元

表 4-27　2007 年 2～3 月与 3 月后加工情况统计对比表

月份	刀具消耗（付/支）	加工一支所需时间（h）
2～3 月	6	12
3 月后	2	7.5

根据检验记录，汇总 1～11 月份出现的协议品情况详细内容见表 4-28。

表 4-28　2007 年 1～11 月协议品数量统计表

月份	1	2	3	4	5	6	7	8	9	10	11
协议品数（支）	2	15	27	3	5	4	3	5	4	3	5

从表 4-28 中我们可以看出，2～3 月份协议品数量平均 21 支/月，4～11 月份平均 4 支/月，攻关后协议品数量降低了 17 支/月。若打刀严重问题得不到解决，综合考虑工人积极性、设备运转情况等因素，在以后的加工过程中，极有可能产生废品。我们按用户接收协议品一支需支付 2000 元；报废品 2 支，每支 15 万元计算，可以得出

降低协议品节省费用：9×17×2000=30.6 万元

避免报废品节省费用：2×150 000=30 万元

降低损失费用共计：24+1.35+30.6+30=85.95 万元

活动期间，因调整刀具角度、加工参数等原因产生了协议品 15 支，共需 15×2000=3 万元，试验费用及其人工、水、电、机械磨损费用约 1 万元，我们可以计算得出

QC 活动发生的费用：3+1=4 万元

经济效益=降低损失费用-QC 活动发生的费用=85.95-4=81.95 万元

12. 巩固措施

1. 继续重视××钢的冶炼和锻造质量，保证××钢材料处于稳定状态，改善××钢的综合切削性，将××钢的强度和韧性稳定在一个合理的范围内，并保证其均匀性。

2. 继续加强××钢冶炼和锻造的过程控制。

3. 将实施一、实施二纳入《锻造工艺规程》（D-02-02）。

4. 将实施三、实施四纳入《深孔加工工艺指导卡》。

13. 总结和体会

通过本次 QC 活动，全体成员获益匪浅，既提高了处理不同专业技术问题的能力，又学习到了一些新的 QC 方法，并能运用到实践中，为今后不同专业的良好衔接作出了范例。但也存在一些不足，小组成员一致认为，对其他专业知识的了解不够深、不够广，这也为小组指明了今后的学习方向。

大家也认识到，充分发挥全体参与人员的智慧，积极开动脑筋，集思广益，通过不断的实践和理论的研究，就可以快速地找到解决问题的经济、可行的方法。本次 QC 活动，自我评价见表 4-29 和图 4-13。

表 4-29　自我评价表

评价项目	代用符号	自我评价	
		活动前（分）	活动后（分）
创新意识	a	85	95
质量意识	b	95	95
技术水平	c	85	90
攻关信心	d	80	90
QC 知识	e	80	98
协作能力	f	75	85

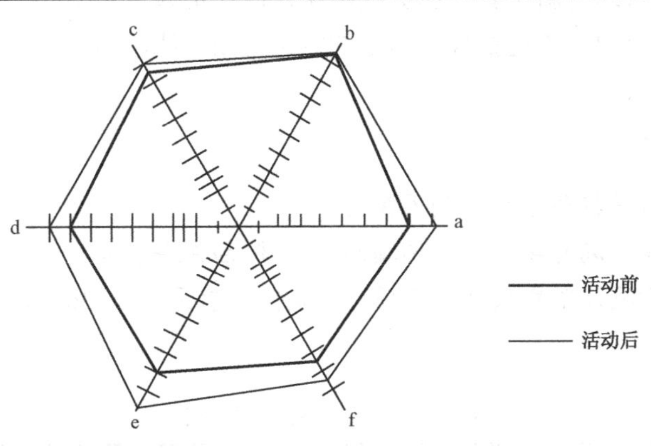

图 4-13　自我评价雷达图

14. 今后打算

尽管随着活动的开展，××钻具的加工效率得到了大幅度提高，但小组成员意识到××钻具深孔加工方面仍有许多不尽如人意的地方。因此，小组下一个课题是提高××钻具内孔质量。

总体评价：

该成果属于攻关型的课题，小组依据××钻具深孔效率不达标这一现状，选择课题进行攻关，目标明确；在可行性分析中，找出了导致加工效率低的主要症结。针对主要症结进行了原因分析。对末端原因进行了一一确认，要因确认明确且量化。经小组成员的共同努力实现了小组课题目标。

特点：实施过程详实，以事实为依据用数据说话。

但在程序和方法上还存在不足之处：

① 指令性课题，目标可行性分析中，不应有“现状调查”几个字。

② 因果图用得不适宜。“材料”类别中有五层原因。用树图比较合适。

③ 对策表中的目标值不量化。

④ 正交试验表“L9（33）”写法错误，应该是“L9（34）”。

评委：×××

任务小结

1. 从实例可观察到，PDCA 循环是全面质量管理的基本工作流程，QC 活动是解决和改进质量问题的基本形式。

2. 本实例采用的数理统计工具有因果图、调查表、分层法、正交图、雷达图及直方图。

3. 本实例是攻关型课题项目，对于模具质量的攻关 QC 活动具有指导意义。

知识链接

雷达图——质量管理的新工具，属矢线图法，以评价体系为中心，由评价体系组成的各项指标为矢线，形成类似于雷达扫描屏幕上的雷达封闭曲线，称为雷达图。

思考题与练习

1. 对下列几种质量特征分别绘制因果图：

① 打印误差（错、漏打字）；② 凹模断裂；③ 拉深件孔口开裂。

2. 某零件的质量统计不良项目有六项，其缺陷记录见表 4-30，试计算并作出主次因素排列图。

表 4-30　质量统计不良项目

缺陷项目	疵点	气孔	未充满	形状不佳	尺寸超差	其他
频数	41	18	13	10	6	7

3. 若要管理下列质量特征，应选用什么管理工具？

① 盒装饼干的重量；

② 1000 个零件中的次品数目；

③ 批量标准模架的合格率；

④ 模具验收交验不合格品的原因。

4. 某厂生产的某零件，技术要求为36.220±0.020mm，经随机抽样得到100个数据如下所示。要求：

① 作出直方图；② 计算平均值$\overline{x}$和标准偏差σ；③ 分析直方图。

202	204	205	206	206	207	207	208	209	208	209	210	210	210	211
211	211	211	212	212	212	213	213	213	214	214	214	214	215	215
215	216	216	216	216	217	217	217	217	217	217	218	218	218	218
218	218	218	218	219	219	219	219	220	220	220	220	220	220	220
220	220	220	220	221	221	221	221	221	221	221	222	222	222	223
223	223	223	224	224	224	225	225	225	226	226	227	227	228	228
229	229	230	231	231	232	233	234	235	237					

模块五　模具生产的成本管理

模具生产是一种具有特性的工业商品，商品的价值在于它在社会生产活动中的使用性能和作用。在市场经济中这种价值差为企业利润，显然企业生产为生产产品的全部投入（人力、物力、财力）即为生产的成本。而模具产品的生产成本管理是企业财务管理中的基础，经营目标是企业生产经营工作的主要奋斗目标，是企业管理中的全局性指标。经营目标最终是以财务管理的真实数据为凭进行评估的，所以生产成本的管理十分重要意义也非常大。

如何学习

首先要弄清楚生产成本的构成，在学习成本基本知识的基础上弄明白什么是模具产品的生产成本。结合模具生产的实例，解读模具产品生产的成本和出厂的报价。

学习目的

熟悉产品成本的基本概念，掌握模具产品成本的计算原理和估算方法，从而初步学会对具体模具产品的出厂价格估算，以满足企业生产经营管理的需要。

任务一　生产成本的基本概念

任务描述

产品是人生产出来的，而不是天上掉下来的自然物品。产品进入市场交易变为商品销售收回货币，以扩大再生产或维持生产的循环。企业为产品的实现所投入了多少人力、物力、财力，通过市场营销卖了什么价钱，企业从中获利多少。要回答上述一系列经营问题，无不与所有投入的价值总量有关，即与生产成本血肉相连。则所有投入包括哪些开支，就是本任务要解答的主要问题，也是从经济角度评价企业管理的成果。

任务分析

生产成本看似是一种加法计算，但它涉及企业的人员、结构规模、工艺手段（设备、场地）和原材料市场，还有国家的法令法规。凡是要花钱的生产投入开支一项不能少。否则难以进行产品的生产。若要算出产品的生产成本，非得从生产成本的构成入手，收集整理各组成项的支出数据，最后形成产品的成本。

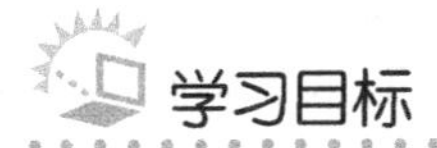

1. 掌握生产成本的基本概念;
2. 把握生产成本的主要构成及计算方法。

1. 生产成本

1）生产要素

生产活动必不可少的元素是人员、设备、原材料、能源、设施、工艺方法、环境等。其主要要素是人、机、料、法、环。它们相互结合和作用，并进行有序的运转，可实现预期的产品产出。这些生产要素投入量的总和，即为生产成本。

2）生产成本的组成

模具产品的生产全过程如下：

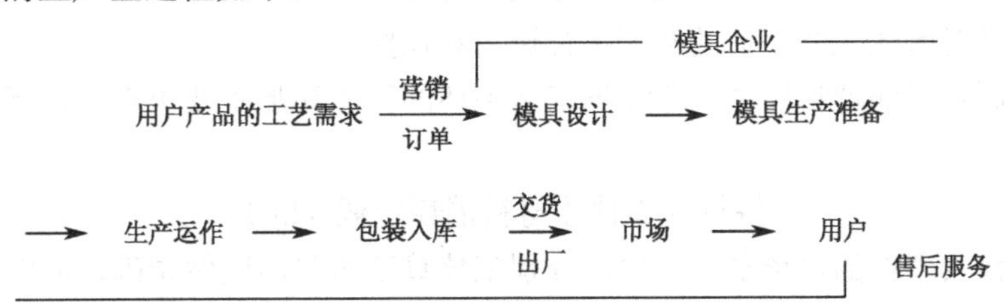

从上图可知，模具生产的投入始于市场的营销终于用户的售后服务，它包括以下几个方面：

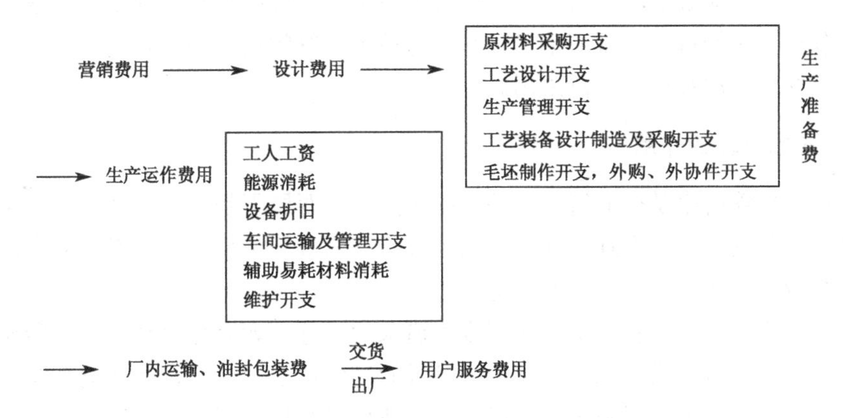

实际上生产成本分为两块，一块是直接用于产品的费用，它主要包括模具设计费、产品的原材料费用（含市场的外购件、外协件费用）、生产工时费用（工人劳动酬金）及设备费用（含能源费）；另一块是分摊到模具产品中为生产服务的管理费用，如管理人员的工资、

办公用品消费（含水、电、气）、管理费用（劳保用品，安全，检测化验，厂内运输，设施维护，财务、生产管理费用等），这些费用对于企业而言，即使不生产，费用也要固定支出，常称为固定成本部分，则前面一块成本称为可变成本部分。企业经过一定时期的经管生产运作，固定费用的开支经核算一般是相对不变的，因此，生产成本的核算的重点类似于可变成本部分的核算，简称生产成本。

至于成本核算如何按国家财务法规进行操作则属于财务管理的范畴，但核算数据来自于生产与技术管理。

2. 生产成本核算的依据

产品直接生产成本的核算基本依据是模具产品的设计图样，设计图的零件明细表上明确了哪些是外购的标准件，哪些是生产的自制件。至于模具产品的设计，一般由用户完成或委托模具企业完成，模具企业的设计费用一般是按设计的复杂程度而定的，为方便起见常按模具生产估算的20%计算。

根据设计图样，企业的技术部门进行工艺设计，其主要内容是消耗撰写工艺路线编制工艺文件和制定两大定额，一是材料消耗定额，二是制作工时定额。

主要材料消耗定额和制作工时的定额是根据模具生产工艺文件来确定的。这两大定额对于行业或企业而言，并非是随机而定的，它是按行业的标准或企业的标准来行事的。企业应根据相关的标准资料或工艺手册的数据进行选用和调整。

关于主要原材料的消耗定额，应依据工艺毛坯的开工和加工要求查表计算确定。原材料的采购成本为

材料费=零件原材料消耗定额（kg）

由于按照模具零件的每道加工工序，分别来核算工时费用固然精确，但由于不同的工序使用的加工方法与设备不同，而零件加工从下料经制坯到成品，其全过程要经过多道工序加工，这样每个零件按加工工序分别逐道计算，十分烦琐，很不经济。若按加工车间相对固定设备、人员和满负荷能源消耗，其小时平均数值是可以测算的且相对固定，则按车间小时平均费用计算制作工时的费用，既简单又可靠，与精确计算的最后结果相差无几。这样制作工时费用的成本核算方法被企业广泛采用。

3. 生产成本核算的作用

生产成本的核算历来是企业管理的核心指标，其主要原因是由于生产成本是企业生产产品的出厂价格的基础，也是企业管理中评估经济活动成效的依据，不断降低成本，提高市场竞争力，是企业生产经营管理永恒的课题。

开源节支、降耗提效一直是降低生产成本追求的目标，如今绿色经济、低碳经济的新理念是这一目标的新发展，成为 21 世纪经济发展的时代特征，这一目标逼迫企业的管理者在提高人员素质方面，大力采用新技术、新工艺、新材料等科技新成果淘汰落后工艺，实施技术改造方面，在节能降耗、技术创新等方面综合考虑对策，否则生产成本长期居高不下，利润日益萎缩，在激烈的市场竞争中将被淘汰而破产。所以，生产成本的核算不仅是数字上的经济估算，更重要的是从这个关键的经济信息中，如何进行分析研究，找出问题、思考对策、

实施改革创新，保证企业在激烈的市场竞争中长盛不衰。

任务完成

任务小结

1．生产成本是生产产品所花费的全部开支，在核算上常按固定成本和可变成本两部分进行计算，合并而成。

2．产品制作工艺、外购、外协件的明细表均来自于模具产品设计图样。可变成本的核算依据是生产工艺文件制定的材料消耗定额和制作工时定额。

3．生产成本的核算一是为了核定企业生产产品的出厂价格进行市场营销，二是为了开展经济活动分析，使企业在生产经营管理中不断有所改进、有所作为、有所创新。

知识链接

1．税前利润又称毛利润，税前利润=产品销售价-产品成本价。

2．税后利润又称纯利润，税后利润=产品销售价-产品成本价-税费。

思考题与练习

1. 什么是生产成本？构成如何？
2. 为什么要核算产品的成本？
3. 核算产品成本的依据是什么？

任务二　模具制造工艺的设计

任务描述

根据模具产品的设计图样，可想象出这副模具的实物形象和结构、装配情况，可以知道各组成零件的形状、尺寸、材质和各项技术要求，但只看到计算机显示屏上的虚拟物品，虽逼真却无实物可用，要将图样信息转变为实物，全靠生产制造。制造的方法与手段有多种多样，要做到因地制宜按最少的设施保证符合图样要求的模具产出，则必须要按科学规律办事。如何达到预期的目标，是本任务的主题，因为它是核算生产的原始依据。

任务分析

按模具图样要求，又好又省又快地将模具生产制造出来，必须要进行生产工艺的设计。生产工艺要解决如下问题。

1. 自制零件的毛坯怎么选？各个零件采用什么方法加工既保证质量又最经济？
2. 各零件加工的工艺路线应如何设计达到优化要求？
3. 模具如何装配与试模？
4. 根据工艺路线的加工顺序，如何编制相关的符合生产类型的标准工艺文件？

这些问题均可从模具制造工艺学知识中寻出合理的答案，这些知识运用的结果就是模具制造工艺文件，即工艺规程，以设计合理的工艺路线为纲编制的零件加工工艺规程，是模具生产成本核算的基本依据。这就是按工艺规程编制自制零件生产的两大定额——制作工时定额和材料消耗定额。

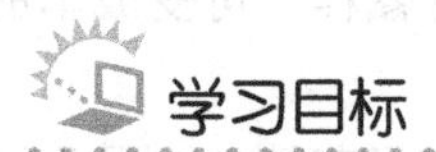

学习目标

1. 读懂并理解模具装配图和零件图。
2. 根据设计图样设计合理的加工工艺路线（方案）。
3. 学会编制简明工艺卡片。

任务开始

（1）上述三个学习目标是在学习模具制造工艺学等专业基础知识后应达到的要求，故不是本模块的主要任务，但是基础不得不提。

（2）本任务是通过一副冷冲模的案例，介绍其如何因地制宜地编制其简明工艺卡片，以作为该案例生产成本核算的基本依据。

（3）模具生产工艺文件常采用简明工艺卡片标准形式的原因有以下几个。

① 模具属于单件、少量生产类型，按有关技术标准，规定适用简明工艺过程卡片为工艺规程文件形式。

② 模具生产在大、中企业中一般安排在工模车间，因品种多、数量少、任务重、要求高，且工艺设计工作量非常大，所以简明工艺是最实用的办法。往往一套模具再生产时，因均衡生产组织生产的限制，往往其制造工艺也不尽相同，简明工艺卡片则较为适应生产组织的多变性。

③ 制作工时定额是以工序为单位进行制定的，以工序链为形式的简明工艺卡片恰好可以满足这种要求，简明工艺卡片既作为制定工时定额的依据，又简化了工艺编制的工作量，何乐而不为呢！

（4）案例。

图 5-1 为落料冲孔模，冲制的产品零件为ϕ12 钢质垫圈，冲孔模采用的是企业通用的模座，即企业的模具标准部件，设计总装图反映的是这套模具的自制零件，它由 7 种零件构成，其中件 1 退料杆与件 5 定位销为模具标准可不出图，其余 5 件零件，如图 5-2～图 5-6 所示。

落料冲孔模自制零件的工艺规程见表 5-1～表 5-7。

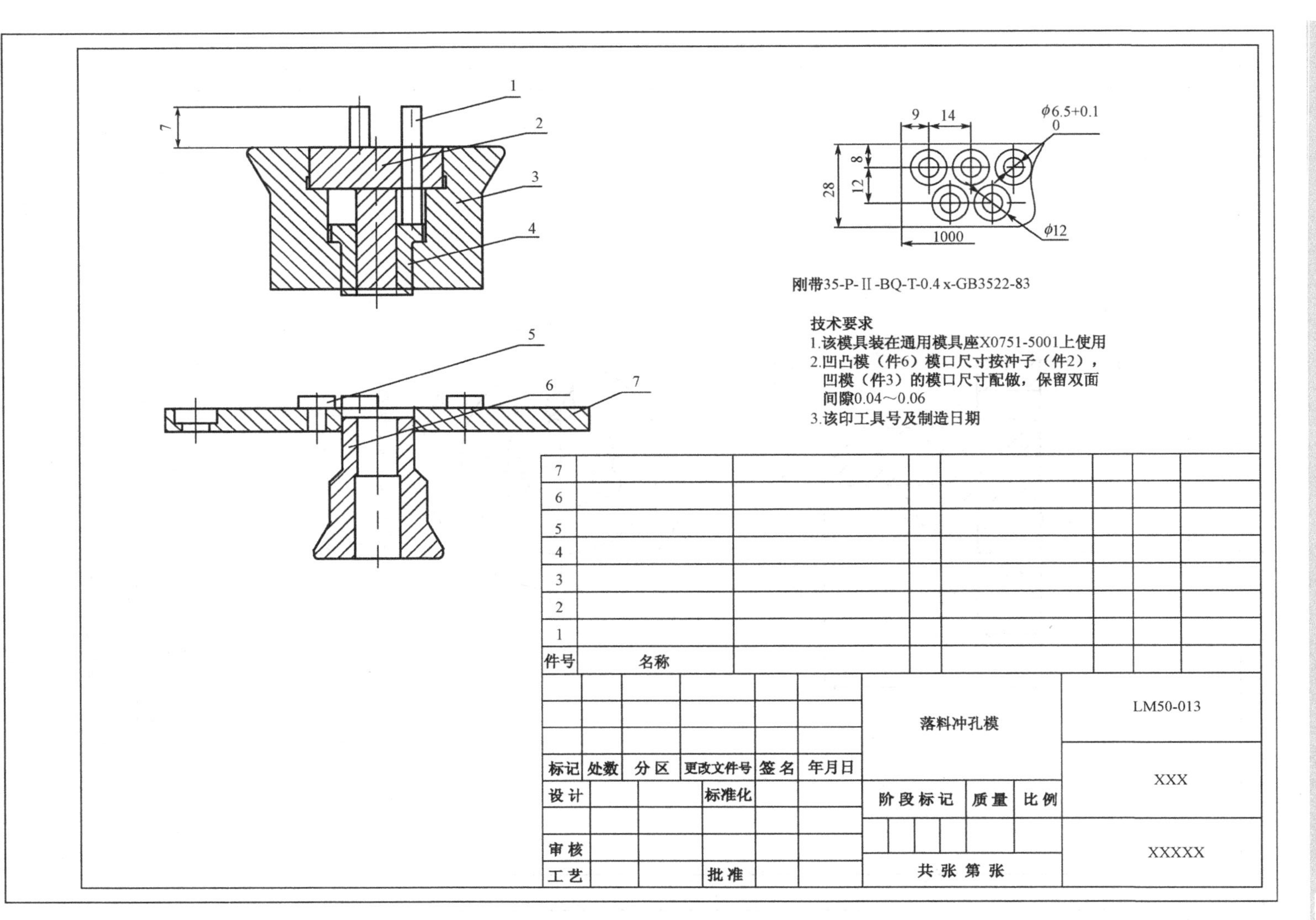
1
2
3
4
5
6
7
7
9
14
φ6.5+0.1 0
8
12
28
1000
φ12
刚带35-P-Ⅱ-BQ-T-0.4 x-GB3522-83
技术要求
1.该模具装在通用模具座X0751-5001上使用
2.凹凸模（件6）模口尺寸按冲子（件2），凹模（件3）的模口尺寸配做，保留双面间隙0.04～0.06
3.该印工具号及制造日期
件号
名称
落料冲孔模
LM50-013
XXX
XXXXX
标记
处数
分区
更改文件号
签名
年月日
设计
标准化
审核
批准
工艺
阶段标记
质量
比例
共 张 第 张

图5-1　落料冲孔模

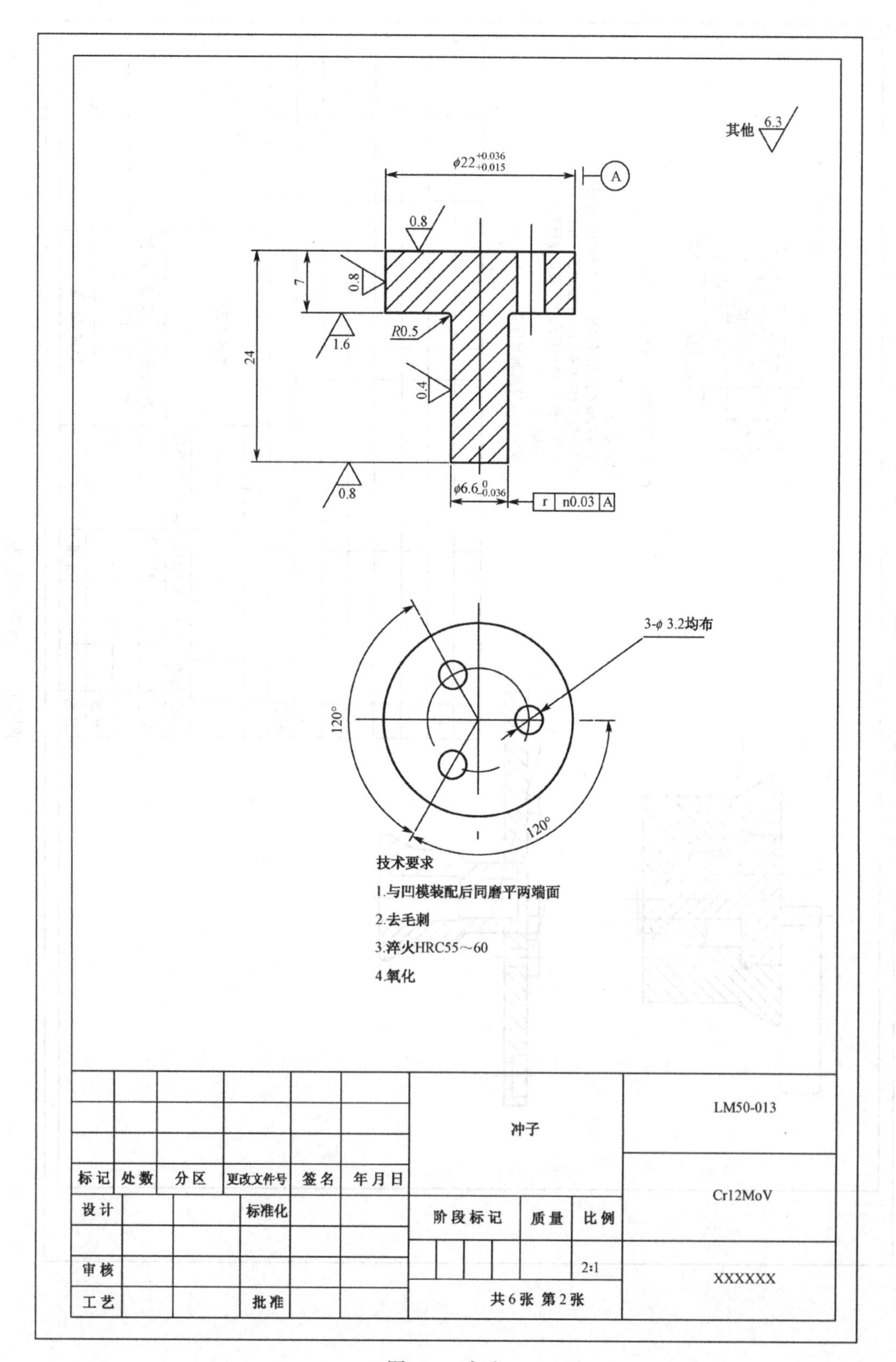
其他 6.3
φ22 +0.036 +0.015
A
0.8
0.8
7
R0.5
1.6
24
0.4
0.8
φ6.6 0 -0.036
r n0.03 A
3-φ 3.2均布
120°
120°
技术要求
1.与凹模装配后同磨平两端面
2.去毛刺
3.淬火HRC55～60
4.氧化
标记 处数 分区 更改文件号 签名 年月日
设计 标准化
审核
工艺 批准
冲子
阶段标记 质量 比例
2:1
共6张 第2张
LM50-013
Cr12MoV
XXXXXX

图 5-2　冲子

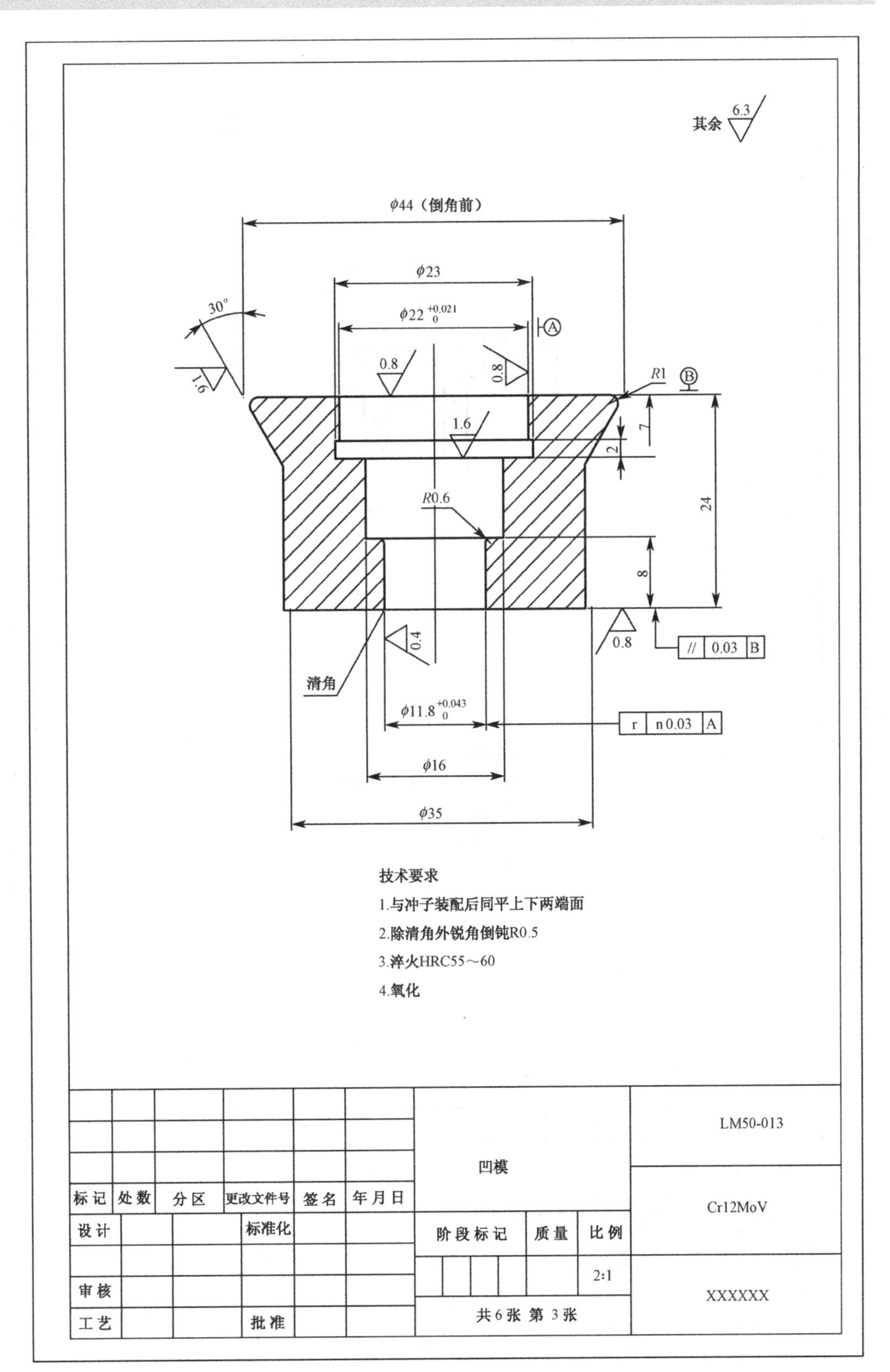
其余 6.3
φ44（倒角前）
φ23
φ22 +0.021 0
A
30°
1.6
0.8
0.8
R1
B
1.6
7
2
24
R0.6
8
0.4
0.8
// 0.03 B
清角
φ11.8 +0.043 0
r n0.03 A
φ16
φ35
技术要求
1.与冲子装配后同平上下两端面
2.除清角外锐角倒钝R0.5
3.淬火HRC55～60
4.氧化
标记 处数 分区 更改文件号 签名 年月日
设计 标准化
审核
工艺 批准
凹模
阶段标记 质量 比例
2:1
共6张 第3张
LM50-013
Cr12MoV
XXXXXX

图 5-3 凹模

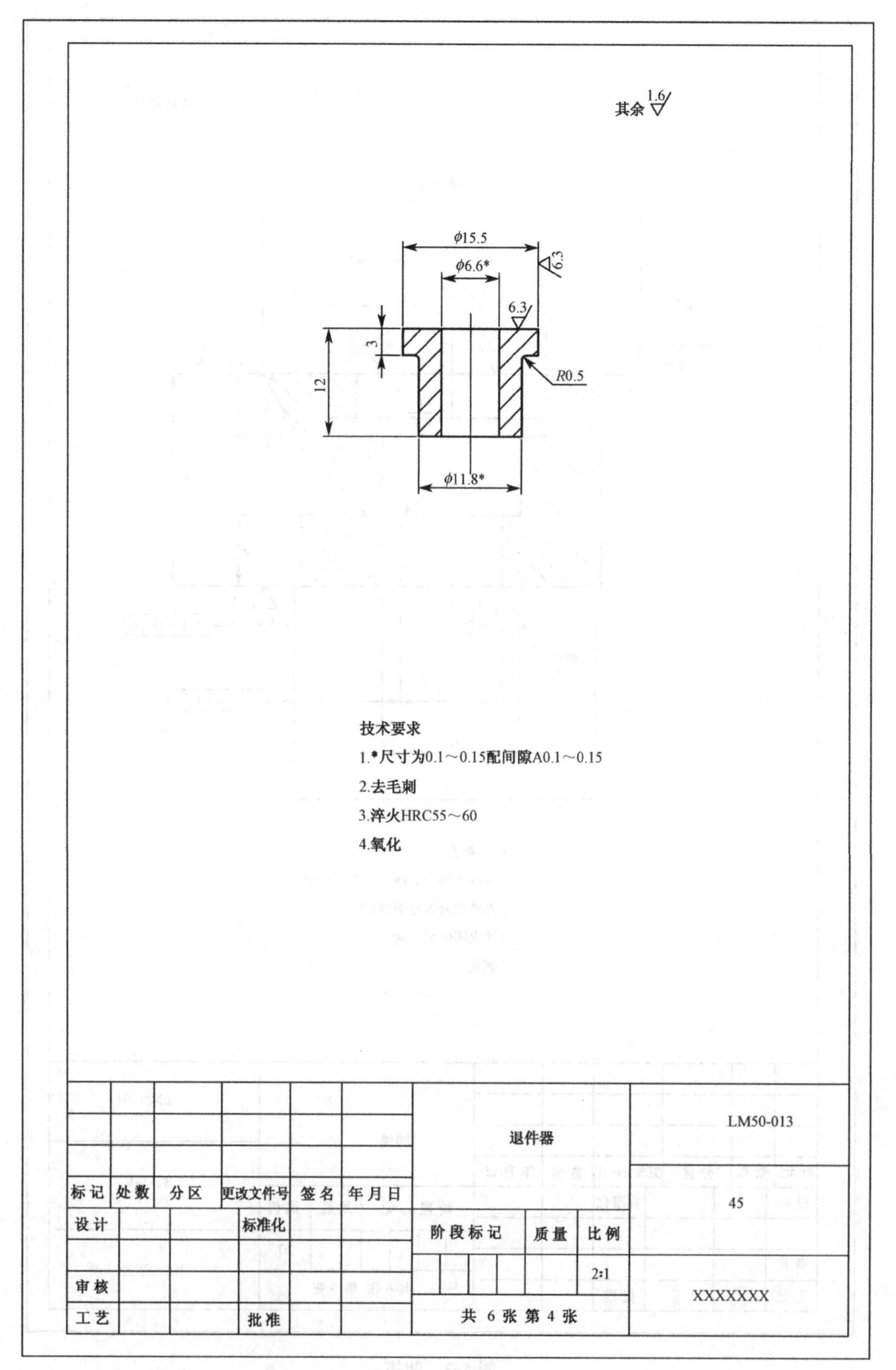
其余 1.6
φ15.5
φ6.6*
6.3
6.3
3
12
R0.5
φ11.8*
技术要求
1.*尺寸为0.1～0.15配间隙A0.1～0.15
2.去毛刺
3.淬火HRC55～60
4.氧化
退件器
LM50-013
45
标记
处数
分区
更改文件号
签名
年月日
设计
标准化
阶段标记
质量
比例
2:1
审核
工艺
批准
共 6 张 第 4 张
XXXXXXX

图 5-4　退件器

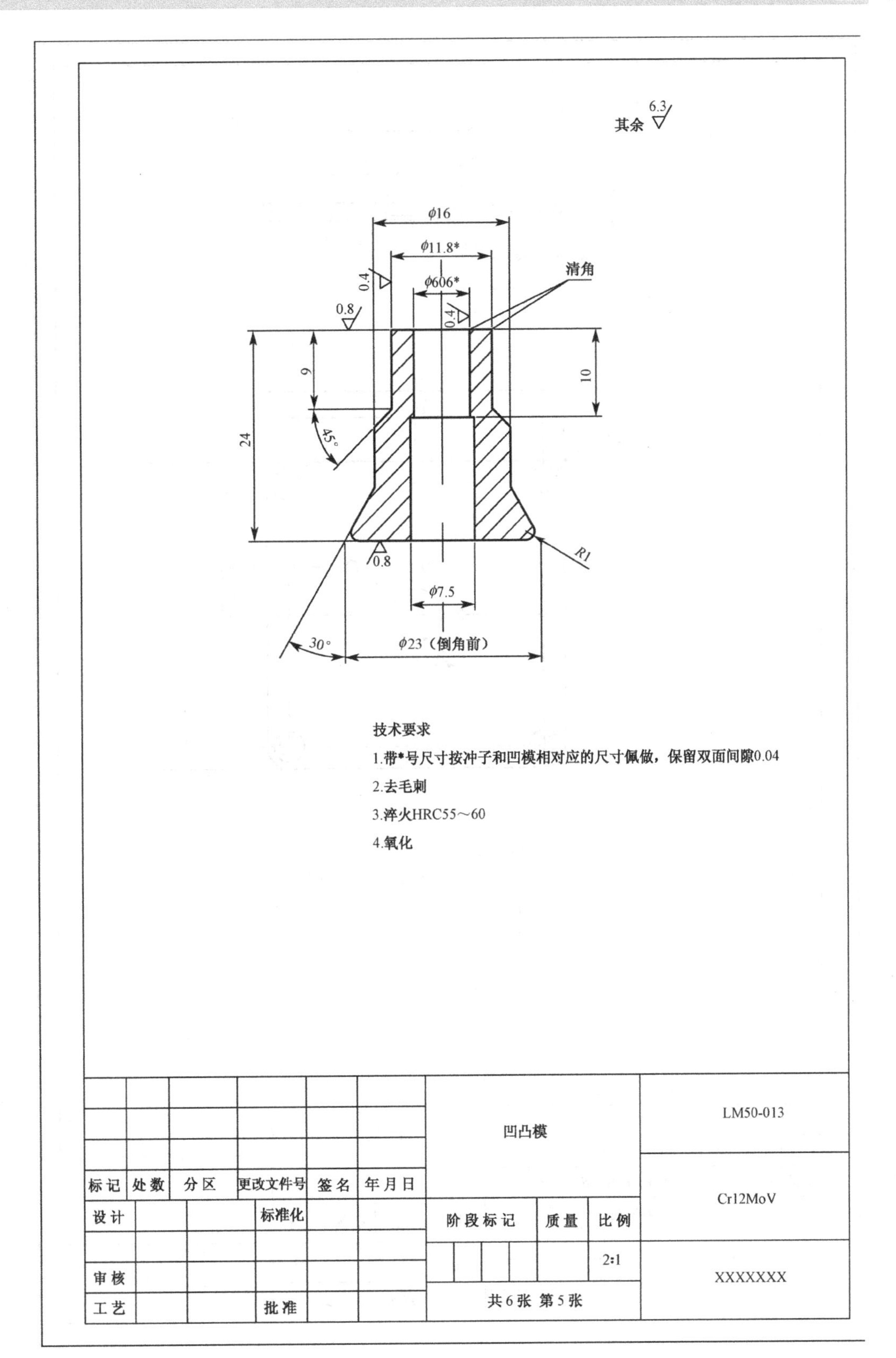
其余 6.3
φ16
φ11.8*
φ606*
清角
0.4
0.8
0.4
9
10
24
45°
0.8
R1
φ7.5
30°
φ23（倒角前）
技术要求
1.带*号尺寸按冲子和凹模相对应的尺寸佩做，保留双面间隙0.04
2.去毛刺
3.淬火HRC55～60
4.氧化
标记 处数 分区 更改文件号 签名 年月日
设计 标准化
审核
工艺 批准
凹凸模
阶段标记 质量 比例
2:1
共6张 第5张
LM50-013
Cr12MoV
XXXXXXX

图 5-5 凹凸模

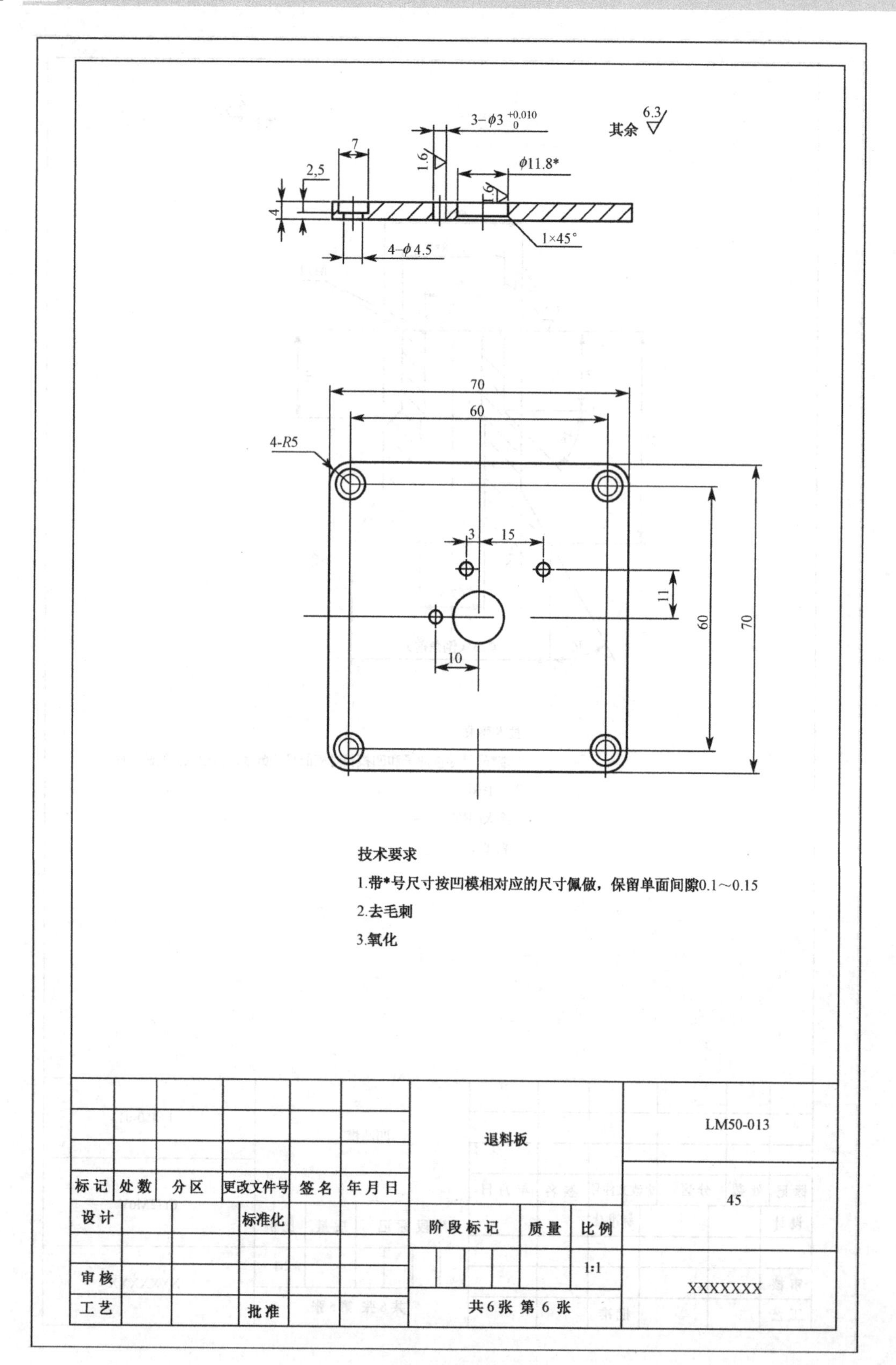
3−ϕ3 $^{+0.010}_{0}$
其余 6.3
7
1.6
ϕ11.8*
2.5
1.6
4
1×45°
4−ϕ4.5
70
60
4-R5
3
15
11
60
70
10
技术要求
1.带*号尺寸按凹模相对应的尺寸佩做，保留单面间隙0.1～0.15
2.去毛刺
3.氧化
退料板
LM50-013
45
标记
处数
分区
更改文件号
签名
年月日
设计
标准化
阶段标记
质量
比例
1:1
审核
工艺
批准
共6张 第6张
XXXXXXX

图 5-6 退料板

表 5-1

简明工艺卡片		数量	工装图号	CM50-013-2	零件名称	凸模
		1	产品图号	×××	材料牌号	Cr12MoV
序号	工序	工艺技术要求	工时定额			
			准备	单件		
1	车	刃口端加长，外圆放磨削余量 0.5，其余车好		0.30		
2	钳	划线，钻孔		0.40		
3	热处理	HRC55～60				
4	表面处理	发兰				
5	磨	磨外圆到尺寸，靠内端面		0.20		
6	线切割	割加长段到图纸设计尺寸		0.10		
7	磨	装配磨二端面		0.20		

工艺：　　　　校对：　　　　定额：　　　　　　　　年　月　日

表 5-2

简明工艺卡片		数量	工装图号	LM50-013-3	零件名称	凹模
		1	产品图号		材料牌号	Cr12MoV
序号	工序	工艺技术要求	工时定额			
			准备	单件		
1	车	R_a0.8、R_a0.4，内孔放磨 0.5mm，其余车成切		1.30		
2	热处理	HRC55～60				
3	表面处理	发兰				
4	磨	内孔二处磨成功，靠内台面，上端面		1.50		
5	磨	下平面		0.20		
6	磨	装配后，同磨上下平面		0.30		

工艺：　　　　校对：　　　　定额：　　　　　　　　年　月　日

表 5-3

简明工艺卡片	数量	工装图号	LM50-013-4	零件名称	退件器
	1	产品图号		材料牌号	45#
序号	工序	工艺技术要求	工时定额		
			准备	单件	
1	车	成功		0.30	
2	热处理	HRC35～40			
3	表面处理	发兰			

工艺： 校对： 定额： 年 月 日

表 5-4

简明工艺卡片	数量	工装图号	LM50-013-6	零件名称	凹凸模
	1	产品图号		材料牌号	Cr12MoV
序号	工序	工艺技术要求	工时定额		
			准备	单件	
1	车	内外圆放磨 0.5 其余成功		1	
2	热处理	淬火 HRC55～60			
3	表面处理	发兰			
4	磨	内外圆成功，靠端面		1	
5	磨	下端面		0.20	

工艺： 校对： 定额： 年 月 日

表 5-5

简明工艺卡片	数量	工装图号	LM50-013-7	零件名称	退料极
	1	产品图号		材料牌号	45#

序号	工序	工艺技术要求	工时定额		
			准备	单件	
1	剪	按图低尺寸，放加工余量 5mm		0.20	
2	磨	二平面成功		0.30	
3	钳	划线		0.30	
4	铣	外形成功		1	
5	钳	修整，划线，钻孔，扩孔，铰孔		1.20	
6	表面处理	发兰			

工艺：　　　　　　　校对：　　　　　　　定额：　　　　　　　　　　　　　年　月　日

表 5-6

简明工艺卡片	数量	工装图号	LM50-013-1	零件名称	打杆
	6	产品图号		材料牌号	45#

序号	工序	工艺技术要求	工时定额		
			准备	单件	
1	车	ϕ3×20 成功，等长		0.10	
2	热处理	淬火 HRC38～43			
3	表面处理	发兰			

工艺：　　　　　　　校对：　　　　　　　定额：　　　　　　　　　　　　　年　月　日

表 5-7

简明工艺卡片		数量	工装图号	LM50-013	零件名称		落料冲孔模
			产品图号		材料牌号		
序号	工序	工艺技术要求			工时定额		
					准备	单件	
1	钳	装配，印记交验				6	

工艺：　　　　　　校对：　　　　　　定额：　　　　　　　　　　　　　年　　月　　日

任务小结

1．案例（落料孔工模）的工作件制造工艺卡是按该套模具生产条件随机编制的，仅供参考。

2．模具的每个自制件均要编制各自的工艺规程，注意勿忘模具的总装和试模工序。

3．模具的工艺文件必须有专业人员的审核批准，方能生效下发施工作业。

4．表面处理及热处理工序的时间不计在机械加工工时定额之内，若有条件的，也可合并核算。

5．一般模具零件加工需要进行粗加工—精加工—光整加工三个阶段。

思考题与练习

1．为什么要采用简明工艺卡片形式为模具生产工艺的主要文件形式？

2．根据案例总结一下模具的工艺设计应如何进行。

任务三　工时定额标准

任务描述

实际制作工时定额是设计模具各零件生产工艺时必须包含的内容。它是工艺设计体现经济性的重要指标之一，也是成本核算的原始依据。机械加工的方法多种多样且工人的操作水准各不相同，因此，如何合理确定各零件的机械加工制作工时，已成为制定工时定额的一大难题，如何破解是本任务研讨的课题。

任务分析

模具的各个构件，除外购的标准件和本企业无法加工的外协零件外，其余自制的各个零件，都要根据各自的工艺流程（简明工艺卡片）进行各零件的工时定额的制定。这需要按零件加工的工艺流程逐道工序进行核定，一个零件的加工需要经过各种加工设备和不同的操作工人来完成，其额定的合理制作工时应该可以核定，下面将对如何核定进行讨论。

学习目标

1. 了解工时定额的作用；
2. 掌握工时定额的核定方法；
3. 初步学会模具加工的工时定额的制定。

任务开始

1. 工时定额

工时定额一般是指零件产品完成加工和装配时所需要的必要的劳动时间。

例如，前案例中的LM50-013-2模具工作零件—冲子，其工艺流程为车—钳—热处理—表面处理—磨—电火花线切割—磨（装配后）。其各工序核定的制作工时分别为0.3h、0.4h、0.20h、0.10h、0.20h，除热、表面处理工序外，其机械加工的零件总工时为1.2h，这时工艺要求必须在此规定的时间内完成。超过规定的时间完成的，超时部分的工时企业无劳动报酬支付，提前完成的，企业按超额劳动计酬。

零件加工工时定额=基本时间（机动工时）+检测等辅助时间+人体生理需求时间+生产准备时间

2. 工时定额核定的方法

① 计算法　工艺人员按机械加工拟定的切削用量和加工行程进行计算其基本加工时间。一般适用于批量生产。

② 类比法　企业劳动部门对同类加工方法经长期实地测试，按工人的中等技能水准，核定企业各工种进行零件加工的平均制作时间，编制了一套加工工时定额标准。为了实现市场的公平竞争，各行业根据业内各企业的工时定额标准，经过调研、考核和协商，汇编制定了行业的工时定额标准。业内各企业在核定各零件加工工时定额时可查表确定。凭长期积累的实际经验，加上科学的统一实测形成工时定额标准，是企业经营管理的一项基础性工作，它可大大简化工时定额的核定工作量，可以迅速核定工时便于成本核算。这里要提醒的是，工时定额标准是与企业、行业的工艺技术水平相匹配的，是相对稳定的，要定期进行修订。

企业经过技术改造或采用新工艺、新技术、新材料时，经过考核，其相应的工种的工时定额标准必须进行修订，此法被广泛采用。

③ 估算法　对于小企业，无专职的工时定额员编制，或单件一次性生产，也可以采用估算法核定工时定额。由技术人员、老工人及管理人员进行协商确定，最后经领导批准实施。经验估算法核定的工时定额往往偏松，对促进企业工艺水平的提高不利，一般很少采用。

3. 工时定额的制定

常见的是一般企业设置专职岗位——定额员，从事产品工时定额的制定工作，工时定额一旦经过批准，任何人无权擅自变动，否则将造成企业成本管理混乱，后果可想而知。经实际考核，若工时定额确需修改的，则应按管理程序上报核准，由定额员进行修订。

4. 工时定额的作用

① 工时定额是设计零件制作工艺的重要内容，绝不可缺失。

② 工时定额是企业与生产车间组织与指挥生产经营工作的基本资料。

③ 工时定额是核算生产成本的原始依据。

模具生产的基本价格=Σ工时定额×小时费用率+Σ材料消耗定额×单价+管理费

为简化计算，经统计与经验数据，有的企业采取设计费与运输等管理费以制作工时定额费用和材料消耗费用的和，即实际基本成本价乘以40%。因而

模具生产的制作成本=［Σ工时定额费用+Σ材料消耗费用］×1.4

显然模具成本的报价的准确性，取决于定额人员对制作工时定额核定的准确性。这是由于原材料的价格是随行就市浮动的，而车间的平均小时费用率是相对固定的常数。目前，一般模具企业或模具生产车间均设置有一定实际操作经验的高技能素质的人，担任专职定额员和价格核算员。

④ 工时定额水平体现了生产企业的技术工艺水准，对提高企业劳动生产率起促进作用。

⑤ 年工时定额是企业年产能的原始数据，是企业进行技术改进、新建模具车间等设计规划的原始依据。

⑥ 工时定额是劳动定额管理的基础工作，是实际按劳取酬核算工人劳动报酬的基本依据之一。

工时定额标准由四个部分组成，即

标准工时定额=作业时间（基本时间）+准备结束时间（辅助时间）+［布置工作场地时间+生理需要时间］（宽裕时间）

5. 某企业采用各工种工时定额标准

表5-8　准备结束时间和宽裕时间标准

表5-9　装卸工件辅助时间定额标准

表5-10　车外圆时间定额标准

表5-11　车内孔时间定额标准

表5-12　车床钻孔时间定额标准

表5-13　车床铰孔时间定额标准

表 5-14　车端面时间定额标准
表 5-15　钻中心孔时间定额标准
表 5-16　车内螺纹时间定额标准
表 5-17　车外螺纹时间定额标准
表 5-18　立车平面时间定额标准
表 5-19　牛头刨刨相对两平面时间定额标准
表 5-20　牛头刨刨侧垂面时间定额标准
表 5-21　牛头刨刨两相对面时间定额标准
表 5-22　高速铣相对平面时间定额标准
表 5-23　端铣刀粗铣两平面时间定额标准
表 5-24　立铣钻孔时间定额标准
表 5-25　铣内腔时间定额标准
表 5-26　立铣铣板四周时间定额标准
表 5-27　平磨相对平面时间定额标准
表 5-28　平磨四平面时间定额标准
表 5-29　平磨六平面时间定额标准
表 5-30　圆磨外圆时间定额标准
表 5-31　内圆磨时间定额标准
表 5-32　立钻钻孔时间定额标准
表 5-33　钳工手工攻丝时间定额标准
表 5-34　钳工板牙套扣时间定额标准
表 5-35　卧式镗床镗（钻）孔时间定额标准
表 5-36　坐标镗床镗（钻）孔时间定额标准
表 5-37　线切割时间定额标准
表 5-38　割毛坯时间定额标准
表 5-39　钳工攻丝时间定额标准（通、不通、方便、不方便）

表 5-8　准备结束时间和宽裕时间标准

序号	设备类型	准结时间（min）	宽裕时间占作业时间%
1	普通车床	20	9
2	立式车床	30	10
3	卧式镗床	20	10
4	立式钻床	10	8
5	摇臂钻床	20	10
6	铣床	20	9
7	靠模铣床	20	9
8	牛头刨床	25	8
9	插床	5	8
10	龙门刨	10	10

续表

序号	设备类型	准结时间（min）	宽裕时间占作业时间%
11	龙门铣	10	10
12	磨床	10	8
13	线切割	10	8
14	曲线模	30	8
15	电脉冲击床	30	8
16	座标镗床	30	8
17	钳工	30	7

表 5-9 装卸工件辅助时间标准

序号	工件安装方法	找正要求	工件重量（kg）			使用范围
			≤10	20	>20	
			时间（min）			
1	三爪卡盘	无需	1	1.5	3	卡盘顶尖分度头顶尖
2	四爪卡盘	简单	5	6	12	卡盘顶尖卡盘中心架
3	顶尖	复杂	15	20	25	卡盘中心架（跟刀架）顶尖
4	顶尖	无需	1	1.5	3	顶尖、跟刀架
5	花盘	简单	8	12	24	花盘弯压板
6	花盘	复杂	24	35	6	花盘压板
7	弯板	复杂	6	10	20	弯板压板
8	工作台	复杂	8	15	30	工作台方斗工作台垫铁压版
9	虎钳	简单	1		—	正弦虎钳、样板钳
10	心轴	无需	3	5	—	单端心轴、心轴顶尖
11	磁性工作台	无需	1	3	—	导磁铁
12	正弦尺	复杂	5	8	15	分中夹具、万能夹具
13	夹具	无需	4	10	15	通用、专用夹具

注：1.找正要求中“简单”即保证加工余量，要求的“复杂”即保证加工精度要求和余量均匀。

2.一切使用压板紧固零件的，均以四块压板为准，每增加一块，增加的时间为 0.5min。

表 5-10 车外圆时间定额标准

d / L T（min）	10	20	40	60	80	100	120	140	160	180	200	250	300	350
20	5	6	7	8	10	11	13	15	17	19	21	24	27	30
40	6	7	9	10	12	14	16	18	20	22	24	27	31	34
60	8	9	11	12	16	18	20	22	24	25	28	31	34	38
80	10	10	13	15	19	20	23	25	27	29	31	34	38	43
100	11	12	15	18	22	24	27	29	31	33	35	38	42	48

续表

d LT（min）	10	20	40	60	80	100	120	140	160	180	200	250	300	350
120	13	15	17	21	25	28	30	33	35	36	39	42	47	53
150	19	17	21	26	30	32	35	38	41	43	45	48	53	59
180	23	21	25	30	34	37	40	43	46	48	50	53	59	65
210	28	25	29	35	40	43	46	49	52	54	56	59	65	71
240	33	29	34	40	45	47	50	54	57	59	62	65	71	77
270	—	33	39	45	50	53	56	60	63	65	67	71	77	80
300	—	38	45	50	54	58	61	64	68	72	76	80	85	91
350	—	44	49	55	60	64	69	73	76	80	84	88	93	102
400	—	56	60	65	70	75	81	87	90	93	98	106	113	120
450	—	—	64	69	74	79	84	90	94	99	106	111	117	125
500	—	— —	73	78	83	92	97	102	107	112	117	123	129	135

注：1．本表工时以碳钢为准合金钢乘系数 1.2。

2．加工要求为精度 4 极、粗糙度$\overset{3.2}{\bigtriangledown}$，精度 3 级、粗糙度$\overset{0.4}{\bigtriangledown}$乘系数 1.2，粗车时乘系数 0.9。

3．车 10° 以内的锥度时，按大头直径的时间乘系数 1.1～1.3，小于 2° 不乘系数。

表 5-11 车内孔时间定额标准

d LT（min）	10	20	30	40	50	60	70	80	100	120	140	160	180	190	200
20	9	11	12	14	15	17	22	16	18	20	23	25	28	31	36
40	14	13	15	17	19	22	25	19	21	23	26	29	32	36	42
60	22	16	17	21	23	27	30	22	24	27	31	33	37	40	47
80	—	22	21	24	28	33	36	25	29	32	35	38	42	45	52
100	—	29	25	29	33	40	43	30	33	36	40	43	48	52	58
120	—	—	32	34	41	47	51	34	38	42	46	50	54	59	66
140	—	—	41	40	48	55	59	43	47	52	56	61	63	76	82
160	—	—	—	47	55	62	68	43	48	53	58	63	69	76	83
180	—	—	—	56	63	70	78	49	55	59	66	71	77	83	90
200	—	—	—	68	72	79	88	54	60	67	73	79	86	98	102

注：1．本工时包括钻孔时间，材料以碳钢为准，合金钢乘以系数 1.2，铸铁乘以系数 0.8。

2．加工要求为精度 4 级、粗糙度$\overset{1.6}{\bigtriangledown}$精度 2 级，粗糙度$\overset{0.4}{\bigtriangledown}$时乘以系数 1.2，放留磨量时乘以系数 0.8。

3．车 10° 以内的锥度时，按大头直径的时间乘系数 1.2。

4．孔径大于 30mm，按锻件考虑，锻件余量 10mm，如非锻件，则加钻孔时间。

表 5-12　车床钻孔时间定额标准

LT（min） \ d	5	10	15	20	25	30	35	40	45	50
20	6	1.5	1.8	2	2.5	3.5	4.5	5.5	6	7
30	9	3	4	5	6	7	8	9	10	11
40	15	5	6.5	7.5	8.5	9.5	10.5	11	13	15
50	18	7	9	11	13	15	17	19	20	21
60	—	8	10	12	14	16	18	20	24	27
80	—	12	15	18	21	24	27	30	31	32
100	—	14	16	19	22	26	29	32	36	38
120	—	18	20	22	24	28	31	34	40	44
140	—	22	26	30	34	38	42	48	50	53
160	—	24	30	36	40	44	46	50	54	60
180	—	26	32	38	42	48	52	56	60	65
200	—	30	35	40	45	50	55	60	65	70

表 5-13　车床铰孔时间定额标准

LT（min） \ d	5	10	15	20	25	30	35
10	2	2	2	2	3	3	3
20	3	3	3	3	3	4	4
30	3	3	3	4	4	4	5
40	4	4	4	4	5	5	6
50	5	4	4	5	5	6	7
60	—	5	5	6	6	7	8
80	—	5	5	6	7	8	9
100	—	6	6	7	8	9	10
120	—	—	7	8	9	10	11
140	—	—	8	9	10	11	12
160	—	—	—	10	11	12	13
180	—	—	—	11	12	13	14

注：加工要求为精度 3 级，粗糙度 0.8 。

表 5-14　车端面时间定额标准

D	10	20	40	60	80	100	120	150	175	200	225	250	275	300
T（min）	2.5	3	3.5	5	6	8	10	13	17	20	24	29	35	40

说明：按 2 端计算粗糙度 3.2 。

表 5-15　钻中心孔时间定额标准

d	0.5	1	1.5	2	2.5	3	4	5	6
无保护体	1	0.75	0.5	0.6	0.8	1	1.5	2.5	4
有保护体	1.5	1.2	1	1.1	1.2	1.4	2	3.5	6

表 5-16　车内螺纹时间定额标准

d / LT（min）	12	16	18	20	24	26	30	36	42	46	52
10	7	8	9	10	12	13	15	17	19	21	23
20	8	9	10	11	13	14	16	18	20	23	25
30	10	10	11	12	14	15	17	19	21	24	27
40	—	11	12	13	15	17	19	21	23	26	28
50	—	12	13	15	17	19	21	25	26	28	31

注：本表工时包括钻孔和车内孔工时，不通孔螺纹乘以系数 1.4。

表 5-17　车外螺纹时间定额标准

d / LT（min）	12	16	18	20	24	26	30	36	42	46	52
20	6	7	8	10	11	12	14	15	16	18	20
30	7	8	10	11	12	13	15	16	18	20	22
40	8	9	11	12	13	15	17	18	20	22	24
50	9	10	12	14	15	17	19	20	22	23	25
60	10	11	13	15	17	18	20	22	23	25	26
80	11	12	14	16	18	19	21	23	25	27	29
100	—	13	15	17	19	21	23	25	27	29	31
120	—	—	17	20	22	24	26	28	30	32	34

注：1. 本表工时包括车外圆及端面时间。

2. 工时按普通螺纹制，方牙乘以系数 1.8，梯形螺纹乘以系数 1.5，双头螺纹乘以系数 1.7，放磨量乘以系数 0.7。

表 5-18　立车平面时间定额标准

d / BT（min）	500	600	700	800	900	1000	1200	1400	1600	1800	2000
50	10	11	12	13	15	17	19	23	25	28	31
75	13	15	17	19	21	24	27	32	37	40	45
100	16	19	23	25	28	31	37	42	49	54	60

续表

d BT（min）	500	600	700	800	900	1000	1200	1400	1600	1800	2000
125	20	24	27	31	35	38	45	51	60	67	74
150	24	29	32	37	41	45	54	61	75	80	89
200	31	37	42	49	54	60	70	82	94	105	117
250	38	45	52	60	67	74	88	103	116	130	146
300	45	54	62	70	80	88	105	123	138	156	176
350	52	62	73	81	92	103	122	100	162	182	202
400	60	72	82	92	105	117	140	163	186	210	232

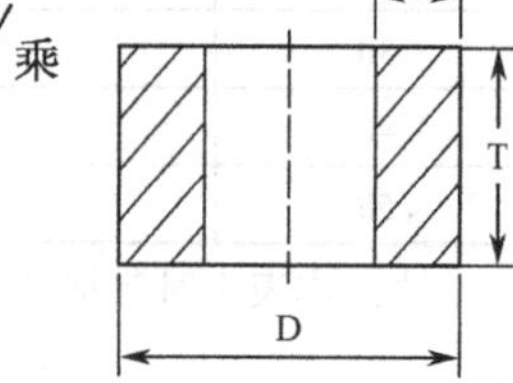

注：1．粗糙度系数：粗糙度$\overset{0.8}{\triangledown}$乘以 0.8，粗糙度$\overset{6.3}{\triangledown}$乘以 1，粗糙度$\overset{3.2}{\triangledown}$乘以 1.3，粗糙度$\overset{1.6}{\triangledown}$乘以 1.5。

2．材料系数：铸铁 0.5，钢件 1，轧钢 0.7。

表 5-19　牛头刨刨相对两平面时间定额标准

L BT（min）	50	100	150	200	250	300	350	400	450	500	550	600
5	3.5	4	4.5	5	5.5	5.5	6	6.5	6.5	7	7.5	8
10	4	5	5.5	6.5	7	7.5	8.5	9	10	10.5	11	12
15	4.5	5.5	6.5	7.5	9	10	11	12	13	14	15	16
20	5	6	7.5	9	10.5	12	13.5	15	16.5	18	19.5	21
25	5.5	7	9	10.5	12	14	16	18	20	21	23	25
30	6	7.5	10	12	14	16	18	20	23	25	27	29
40	6.5	9	12	15	18	21	24	27	30	33	35	38
50	7	10	14	17.5	21	25	28	32	36	39	42	46
60	—	12	16	20	25	29	33	38	42	46	50	54
80	—	14	19	25	30	35	40	46	51	56	60	66
100	—	17	23	30	36	43	49	56	63	68	75	80
120	—	—	27	35	43	51	59	67	75	81	90	98
140	—	—	30	40	49	59	68	78	87	95	105	114
160	—	—	—	45	56	67	78	88	99	108	117	128
180	—	—	—	51	63	75	87	99	110	120	132	144
200	—	—	—	56	70	83	97	110	123	135	148	162
220	—	—	—	—	76	91	106	121	153	148	162	178
240	—	—	—	—	83	99	116	132	158	162	178	194

续表

BT（min）＼L	50	100	150	200	250	300	350	400	450	500	550	600
260	—	—	—	—	—	108	125	143	160	175	192	210
280	—	—	—	—	—	116	135	153	172	187	207	226
300	—	—	—	—	—	123	143	163	183	199	221	241
320	—	—	—	—	—	—	152	174	196	212	225	256
340	—	—	—	—	—	—	161	184	206	224	248	271
360	—	—	—	—	—	—	—	195	218	238	253	286
380	—	—	—	—	—	—	—	205	230	249	276	300
400	—	—	—	—	—	—	—	215	242	262	290	317
425	—	—	—	—	—	—	—	—	253	292	321	332
450	—	—	—	—	—	—	—	—	264	292	321	349
500	—	—	—	—	—	—	—	—	—	323	358	386

注：1．本表工时以碳钢为准，铸铁系数0.8，合金钢系数1.3。

2．加工要求：粗糙度$\overset{12.5}{\bigtriangledown}$乘以系数0.75，$\overset{25}{\bigtriangledown}$系数1.3。

表5-20　牛头刨刨侧垂面时间定额标准

LT（min）＼H	50	60	70	80	90	100	110	120	130	140	150	160
50	5	5	5	6	6	6	7	7	7	8	8	8
100	6	6	7	7	8	8	9	10	11	12	13	14
150	8	9	10	11	12	13	14	15	16	17	18	19
200	10	11	12	13	14	16	17	19	20	21	22	24
250	11	12	13	14	15	17	19	21	23	25	27	29
300	13	15	17	19	21	23	25	27	29	31	33	35
350	15	17	19	21	23	26	29	31	33	35	37	39
400	17	19	22	24	27	29	32	34	37	39	42	45
450	19	22	25	28	31	34	37	40	43	46	49	52
500	21	24	27	30	33	36	39	42	45	48	52	56
550	23	26	29	33	36	39	43	46	49	53	57	61
600	25	29	33	27	41	45	49	53	57	61	65	69

注：1．本表工时以碳钢为准，铸铁系数0.8，合金钢系数1.3；

2．加工要求：粗糙度$\overset{6.3}{\bigtriangledown}$乘以系数0.8，$\overset{3.2}{\bigtriangledown}$系数1.3。

表5-21　牛头刨刨两相对面时间定额标准

LT（min）＼B	550	600	650	700	750	800	850	900	950	1000
600	361	389	417	445	472	500	528	556	583	611
700	378	408	437	466	495	524	553	582	611	640

续表

LT（min）\B	550	600	650	700	750	800	850	900	950	1000
800	395	426	456	487	517	548	578	609	639	669
900	413	445	477	509	540	672	604	636	667	699
1000	430	464	497	530	563	596	629	662	695	728
1200	447	482	516	551	585	620	654	689	723	757
1400	464	500	536	572	607	643	679	715	750	786
1600	495	534	572	610	648	686	724	762	800	838
1800	523	576	607	648	688	729	769	810	850	890
2000	557	603	649	695	741	781	821	861	900	943
2500	588	634	679	724	769	815	860	905	950	995
3000	619	658	715	763	810	858	905	953	1000	1047
3500	650	707	763	819	875	919	963	1007	1050	1100
4000	748	811	873	935	997	1050	1103	1156	1208	1265
5000	845	914	982	1050	1118	1180	1242	1304	1365	1430
5500	943	1070	1091	1165	1239	1310	1381	1452	1523	1595
6000	1040	1120	1200	1280	1360	1440	1520	1600	1680	1760

注：1．材料系数：G20～35 系数 0.9，铸铁系数 0.8，合金系数 1.2。

2．刨两侧面用表内工时系数乘系数 1.2。

3．本表按 45#钢，粗糙度 $\overset{6.3}{\bigtriangledown}$ 制度，粗糙度 $\overset{3.2}{\bigtriangledown}$ 时系数为 1.2。

4．准备结束时间 30～60min。

5．本表按单刀制度。

下面介绍铣刀铣相对两平面时间定额标准。

表 5-22　高速铣相对平面时间定额标准

LT（min）\B	40	80	120	160	200	240	280	320	360	400
100	7	13	18	22	26	30	36	40	51	62
150	8	15	21	27	32	37	42	47	59	70
200	10	18	24	31	37	42	50	55	67	79
250	11	20	28	36	44	51	57	63	75	87
300	12	22	31	40	49	58	65	71	84	96
360	13	25	35	45	55	65	72	79	92	104
400	14	27	38	49	61	72	80	88	101	113
450	15	29	42	54	67	79	90	97	111	122
500	17	32	46	59	73	86	96	105	118	131
550	19	35	49	63	78	93	104	114	128	149
600	21	38	53	68	84	100	113	125	139	152

表 5-23　端铣刀粗铣两平面时间定额标准

BT（min） \ L	20	30	40	50	100	150	200	250	300	350	400	450	500	550	600
20	4	5	6	7	10	14	18	22	26	31	34	38	42	46	56
30	—	6	7	9	14	21	26	32	38	44	50	56	62	70	74
40	—	—	10	11	16	22	28	34	40	48	54	60	66	75	80
60	—	—	—	—	19	27	35	43	52	57	64	71	78	86	91
80	—	—	—	—	22	31	38	49	59	66	75	80	89	96	102
100	—	—	—	—	25	32	40	55	68	75	82	90	97	104	112
120	—	—	—	—	—	41	52	63	75	82	94	104	115	125	132
140	—	—	—	—	—	48	55	68	81	93	105	117	130	140	152
160	—	—	—	—	—	—	58	77	92	102	115	126	140	155	172
180	—	—	—	—	—	—	60	86	104	111	120	140	155	170	194
200	—	—	—	—	—	—	80	95	115	120	136	152	168	185	214
220	—	—	—	—	—		—	104	126	129	146	160	180	200	224
240	—	—	—	—	—	—	—	112	138	140	168	174	190	215	245
280	—	—	—	—	—	—	—	—	144	147	170	185	207	230	265
300	—	—	—	—	—	—	—	—	152	158	180	205	224	245	282

注：1．本表按碳钢制定的标准。
　　2．合金钢乘以系数 1.2。

表 5-24　立铣钻孔时间定额标准

DT（min） \ t	10	15	20	25	30	35	40	45	50
5	2	2	2	2	3	3	3	4	4
10	2.5	2.5	2.5	3	3	4	4	4	5
20	2.5	3	3	3	4	4	5	5	5
30	3	4	4	4	5	5	6	6	6
40	3.5	4	4	5	5	6	6	7	7
50	4	5	5	6	6	7	7	8	8

表 5-25　铣内腔时间定额标准

t	DT（min） \ t	50	100	150	200	250	300	350	400
40	250	—	182	234	284	334	385	435	486
	300	—	—	266	324	382	441	499	558
50	50	58	85	108	140	—	—	—	—
	75	69	103	127	156	185	—	—	—

续表

t	DT（min）\ t	50	100	150	200	250	300	350	400
	100	84	120	157	192	228	264	—	—
	150	106	149	183	236	279	322	365	—
	200	133	185	236	288	340	392	443	495
	250	—	219	279	338	396	453	509	667
	300	—	—	323	392	459	527	594	662
60	50	68	99	131	162	—	—	—	—
	75	81	117	153	189	225	—	—	—
	100	99	142	185	229	272	315	—	—
	150	126	176	227	277	329	380	430	—
	200	158	219	280	341	402	464	525	554
	250	—	257	329	392	456	520	584	648
	300	—	—	385	459	536	612	689	765

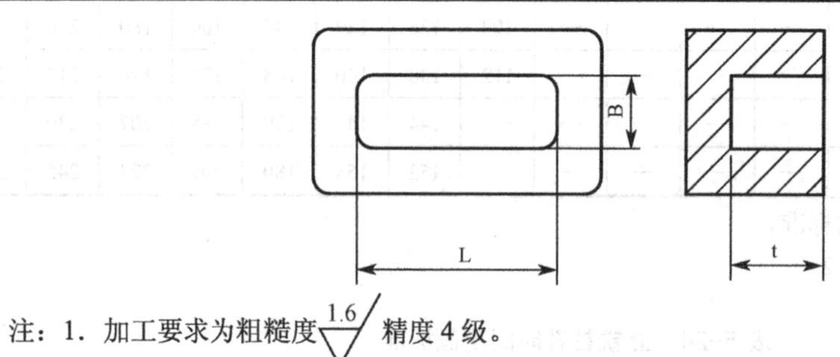

注：1．加工要求为粗糙度 $\overset{1.6}{\bigtriangledown}$ 精度4级。

2．本表工时按碳钢制定，合金钢系数1.3，铸铁系数0.8。

表5-26　立铣铣板四周时间定额标准

LT（min）\ H	5	10	15	20	25	30	35	40	45	50
100	5	6	7	8	9	10	11	12	13	14
150	6	8	9	11	12	14	15	17	18	20
200	8	10	12	14	16	18	20	22	24	26
250	10	13	15	18	20	23	25	28	30	33
300	12	15	18	21	24	27	30	33	36	39
350	14	18	21	25	28	32	35	39	42	46
400	16	20	24	28	32	36	40	44	48	52
450	18	22	27	32	36	41	45	49	54	59
500	20	25	30	35	40	45	50	55	60	65
550	22	28	33	39	44	48	55	61	66	72
600	24	30	36	42	48	54	60	66	72	78
650	26	33	39	46	52	59	65	72	78	85
700	28	35	42	49	56	63	70	77	84	91

续表

LT（min）＼H	5	10	15	20	25	30	35	40	45	50
750	30	38	46	53	60	68	75	83	90	98
800	32	40	48	56	64	75	80	88	96	104
850	34	43	51	60	68	77	85	94	102	111
900	36	45	54	63	72	81	90	99	108	117
950	38	48	57	67	76	86	95	105	114	124
1000	40	50	60	70	80	90	100	110	120	130
1100	44	55	66	77	88	99	110	121	131	143
1200	48	60	72	84	96	108	120	132	144	156

注：1．L为周长，H为加工厚度。

2．自由尺寸乘以系数0.6，铣铸铁0.7，合金钢1.2。

表5-27　平磨相对平面时间定额标准

BT（min）＼L	50	100	150	200	250	300	350	400	450	500
10	6	7	8	9	11	12	14	15	18	20
20	6	7	9	11	12	14	15	17	20	21
30	7	8	10	12	14	15	17	18	21	23
40	7	9	11	12	14	17	18	20	22	24
50	7	9	12	14	15	18	20	22	24	26
60	—	11	13	15	17	19	22	24	25	27
70	—	11	15	16	17	20	23	25	26	29
80	—	13	15	16	19	21	25	26	27	30
90	—	13	16	17	20	22	25	27	29	32
100	—	15	16	19	22	23	26	29	30	33
110	—	—	17	19	22	25	27	30	33	36
120	—	—	19	20	23	26	29	32	34	38
130	—	—	20	22	25	27	30	34	36	39
140	—	—	22	23	26	29	32	36	39	42
150	—	—	23	25	28	32	34	38	41	44
160	—	—	—	26	29	33	36	39	42	45
170	—	—	—	28	30	34	38	41	44	47
180	—	—	—	29	32	36	39	42	45	50
190	—	—	—	32	34	38	41	44	47	53
200	—	—	—	33	36	39	42	45	50	54
210	—	—	—	—	38	41	45	48	53	57
220	—	—	—	—	39	42	47	51	54	59
230	—	—	—	—	41	44	48	53	56	62
240	—	—	—	—	42	45	50	54	59	63

续表

BT（min）＼L	50	100	150	200	250	300	350	400	450	500
250	—	—	—	—	44	47	51	56	60	66
260	—	—	—	—	—	48	53	59	63	69
270	—	—	—	—	—	50	54	60	64	71
280	—	—	—	—	—	51	56	62	66	73
290	—	—	—	—	—	53	59	64	69	75
300	—	—	—	—	—	56	60	68	71	78

注：1．加工要求为加工精度 3 级，粗糙度0.4。精度 2 级，粗糙度0.2时乘以系数 1.4。

2．本标准是按碳钢制度，未淬火的钢乘以系数 1.1，合金钢乘以系数 1.3。

表 5-28　平磨四平面时间定额标准

BT（min）＼L	100	150	200	250	300	350	400	450	500
30	8	9	10	12	13	15	16	18	19
40	9	10	11	13	14	16	17	19	20
60	10	11	12	14	16	18	20	22	24
80	11	12	14	16	18	20	22	25	28
100	12	14	16	18	21	24	27	30	33
120	14	16	18	21	24	27	31	34	37
140	—	18	21	23	27	31	34	36	41
160	—	21	23	26	30	34	38	42	46
180	—	23	26	30	34	38	42	46	51
200	—	—	28	33	37	42	46	50	54
220	—	—	31	36	40	45	49	54	59
240	—	—	34	39	44	48	53	58	63
260	—	—	—	43	48	52	57	62	68
280	—	—	—	46	51	54	60	65	72
300	—	—	—	49	54	58	63	68	77
320	—	—	—	—	57	61	66	73	82
340	—	—	—	—	59	64	71	78	87
360	—	—	—	—	—	67	75	83	93
380	—	—	—	—	—	72	80	89	99
400	—	—	—	—	—	—	85	94	105
420	—	—	—	—	—	—	91	101	112
440	—	—	—	—	—	—	—	107	119
460	—	—	—	—	—	—	—	115	128
480	—	—	—	—	—	—	—	—	137
500	—	—	—	—	—	—	—	—	150

注：1．L 为长度，B 为宽度。

2．本标准为淬火钢制定的工时，未淬火钢及铸铁系数 1.1，合金钢系数 1.2。

3．加工要求为加工精度 3 级，粗糙度0.8，精度 2 级，粗糙度0.4时乘以系数 1.4。

表 5-29　平磨六平面时间定额标准

L B+HT（min）	100	150	200	250	300	350	400	450	500
30	12	13	14	15	17	18	20	22	24
40	13	14	15	16	18	20	22	24	26
60	14	15	16	18	20	23	25	28	30
80	15	16	18	20	23	25	28	30	35
100	16	18	20	23	26	30	34	38	41
120	18	20	23	27	31	34	38	42	47
140	—	23	27	30	34	39	42	46	51
160	—	27	30	33	38	42	27	52	57
180	—	30	33	38	42	27	52	57	63
200	—	—	37	42	47	52	57	62	67
220	—	—	40	46	50	56	61	67	73
240	—	—	44	50	55	60	66	72	78
260	—	—	—	55	60	65	71	77	84
280	—	—	—	59	63	67	75	81	90
300	—	—	—	63	67	72	78	85	96
320	—	—	—	—	71	76	82	91	102
340	—	—	—	—	75	81	88	97	108
360	—	—	—	—	—	85	93	103	116
380	—	—	—	—	—	91	100	111	123
400	—	—	—	—	—	—	106	116	136
420	—	—	—	—	—	—	113	125	139
440	—	—	—	—	—	—	—	132	147
460	—	—	—	—	—	—	—	141	157
480	—	—	—	—	—	—	—	—	168
500	—	—	—	—	—	—	—	—	180

注：1．L 为长度，B 为宽度，H 为加工厚度。

2．本标准为淬火钢制定的工时，未淬火钢及铸铁系数 1.1，合金钢系数 1.2。

3．加工要求为加工精度 3 级、粗糙度 $\overset{0.8}{\bigtriangledown}$，精度 2 级、粗糙度 $\overset{0.4}{\bigtriangledown}$ 时乘以系数 1.4。

表 5-30　圆磨外圆时间定额标准

D LT（min）	4	10	20	30	40	50	60	70	80	90	100	120	140	160	180	200
30	6	4	4	5	6	7	8	9	10	11	12	14	16	18	20	22
60	9	6	5	8	10	12	14	15	18	19	20	23	26	29	32	36
90	13	8	6	13	15	18	21	22	24	27	29	33	37	40	45	50
120	18	11	8	17	21	24	27	29	32	35	39	43	47	52	60	65

续表

D LT（min）	4	10	20	30	40	50	60	70	80	90	100	120	140	160	180	200
150	24	15	10	20	25	29	33	36	40	43	48	53	60	64	72	80
180	31	21	12	24	30	34	39	42	47	50	56	63	70	77	85	94
210	40	29	15	27	34	40	45	50	55	59	64	72	81	89	100	116
240	50	37	19	31	39	45	51	57	62	67	71	82	92	101	112	123
270	—	46	21	36	43	50	57	64	70	74	80	92	103	113	126	138
300	—	55	24	40	50	57	64	70	77	82	90	102	114	125	140	153
330	—	—	27	44	54	62	70	77	84	90	99	111	125	137	152	167
360	—	—	31	47	57	66	74	83	92	98	106	121	136	150	165	182
390	—	—	37	53	62	72	82	90	99	105	115	131	147	162	180	196
420	—	—	—	58	66	75	84	94	105	113	123	141	158	177	192	210
450	—	—	—	64	73	83	93	103	113	122	132	150	169	188	206	225
480	—	—	—	69	79	90	101	110	120	129	140	160	180	200	222	240
510	—	—	—	73	84	96	107	117	128	137	148	170	191	212	132	255
540	—	—	—	78	89	102	114	123	136	146	157	180	202	224	246	270
570	—	—	—	83	95	107	120	131	142	153	166	190	213	236	260	284
600	—	—	—	88	101	113	126	138	150	162	175	200	224	248	272	300

注：1. 本标准为淬火钢制定的工时，未淬火钢及铸铁系数 1.1，合金钢系数 1.2。

2. 加工要求为加工精度 3 级、粗糙度$\overset{0.4}{\bigtriangledown}$时乘以系数 1.2。

3. 要靠端面，按端面大小和要求增加工时。

表 5-31 内圆磨时间定额标准

D LT（min）	10	20	30	40	50	60	70	80	90	100
5	13	10	11	12	13	14	17	18	19	22
10	16	11	12	13	14	16	18	20	22	26
20	24	12	13	16	17	18	20	22	24	29
30	34	13	16	17	18	20	22	26	27	32
40	44	16	17	19	20	23	27	29	32	36
50	—	18	19	22	23	26	29	31	34	40
60	—	19	22	24	27	29	32	36	38	44
70	—	—	24	27	29	32	36	40	42	50
80	—	—	27	30	32	36	41	44	49	56
90	—	—	30	34	38	40	46	50	53	62
100	—	—	34	38	41	44	52	56	60	71
110	—	—	—	42	46	50	58	62	67	79
120	—	—	—	47	52	56	65	70	74	89
130	—	—	—	53	58	62	73	78	84	98
140	—	—	—	59	65	71	82	88	94	110

续表

D / LT（min）	10	20	30	40	50	60	70	80	90	100
150	—	—	—	66	72	79	91	98	106	124
160	—	—	—	—	80	89	102	110	118	139
170	—	—	—	—	91	98	115	124	132	156
180	—	—	—	—	—	110	128	138	148	175
190	—	—	—	—	—	124	144	155	166	196
200	—	—	—	—	—	139	162	174	186	220

注：1. 本标准以淬火钢制定的工时，未淬火钢及铸铁系数 1.1，合金钢系数 1.3；

2. 加工锥孔时按大头走丝查表乘以系数 1.3；

3. 加工盲孔或台阶孔时乘以系数 1.2；

4. 加工要求为加工精度 3 级，粗糙度 $\overset{0.8}{\nabla}$，精度 2 级，粗糙度 $\overset{0.4}{\nabla}$ 时乘以系数 1.2～1.4。

表 5-32 立钻钻孔时间定额标准

D / LT（min）	5	10	15	20	25	30	35	40
20	1	1.5	1.5	2	2	2.5	2.5	3
30	1.2	1.5	2.5	2	2.5	2.5	3	3.5
40	1.5	2	2.5	2.5	3	3	3.5	4
50	2	2	2.5	3	3.5	3.5	4	4.5
60	2	2.5	3	3.5	4	4.5	4.5	5
70	2.5	2.5	3	3.5	4	4.5	5	5.5
80	2.5	3	3.5	4	4.5	5	5.5	6
90	3	3.5	4	4.5	5	5.5	6	6.5
100	3.5	4	4.5	5	5.5	6	6.5	7

表 5-33 钳工手工攻丝时间定额标准

D / LT（min）	2.5	3	4	5	6	8	10	12	14	16	18
5	1.1	1	0.8	1	1	—	—	—	—	—	—
10	1.3	1.2	1.1	1.1	1.1	1.4	1.6	1.9	2.2	2.6	5.6
15	—	1.5	1.4	1.5	1.6	1.9	2.2	2.7	3.1	3.7	4.4
20	—	—	1.6	1.7	1.8	2.2	2.7	3.2	3.9	4.6	5.5
25	—	—	—	2.1	2.2	2.7	3.3	4	4.8	5.8	6.8
30	—	—	—	—	—	3.1	3.8	4.7	5.7	7	8.1

注：修正系数为铸钢 1，碳钢 0.8，铸铁 0.6，铸铜铝 0.5。

表 5-34 钳工板牙套扣时间定额标准

LT（min） \ D	4	5	6	8	10	12	14	16	18	20
8	1	0.8	0.7	0.6	0.6	0.7	—	—	—	—
10	1.4	1.2	1.2	1.1	1	0.9	0.9	—	—	—
15	1.6	1.6	1.4	1.3	1.2	1.2	1.2	1.3	—	—
20	2	1.7	1.7	1.6	1.6	1.5	1.5	1.6	1.7	1.7
25	2.4	2.1	2	1.9	1.9	1.7	1.7	1.8	1.9	2

表 5-35 卧式镗床镗（钻）孔时间定额标准

DT（min） \ L	10	20	30	40	50	60	70	80	90	100	120	140	160	180	200
10	16	20	24	28	32	36	41	46	—	—	—	—	—	—	—
20	15	19	23	27	31	35	39	43	47	—	—	—	—	—	—
30	16	22	26	30	34	38	42	46	50	54	—	—	—	—	—
45	20	26	30	34	38	42	46	50	58	62	66	—	—	—	—
60	22	27	32	37	42	47	52	57	62	67	72	77	82	—	—
80	25	32	29	46	53	60	67	74	81	88	95	102	109	116	—
100	29	39	49	59	69	79	89	99	109	119	129	139	149	159	170
120	34	45	56	67	78	89	100	111	123	133	144	155	166	177	190
150	40	53	66	79	92	105	118	137	144	157	170	184	199	215	230
180	48	64	80	97	113	130	146	162	178	194	210	226	242	260	280
220	60	86	112	138	144	190	216	242	266	294	320	346	372	400	430
260	83	114	148	182	216	250	284	318	302	386	420	448	488	528	580
300	100	150	200	250	300	350	400	450	500	550	600	655	700	750	800

表 5-36 坐标镗床镗（钻）孔时间定额标准

DT（min） \ L	5	10	15	20	25	30	40	50	60	70	80	90	100	110	120
2	16	18	20	23	26	—	—	—	—	—	—	—	—	—	—
4	14	16	18	21	24	27	31	—	—	—	—	—	—	—	—
6	15	17	19	21	23	25	27	29	31	—	—	—	—	—	—
10	16	18	20	22	24	26	28	30	32	35	38	—	—	—	—
15	17	20	23	26	29	31	34	37	40	43	46	49	—	—	—
20	19	23	26	29	32	36	39	43	46	48	53	57	62	—	
30	20	24	27	31	34	38	41	45	49	52	57	61	65	69	—
45	21	26	31	35	40	44	48	53	57	62	66	71	75	80	85
60	22	28	34	39	45	61	57	63	67	75	81	87	88	99	106

续表

L DT（min）	5	10	15	20	25	30	40	50	60	70	80	90	100	110	120
80	23	30	36	42	48	54	61	67	74	80	87	96	102	107	113
100	24	32	40	48	56	64	72	80	88	90	104	112	120	128	136
120	26	36	47	57	68	78	89	100	110	121	132	142	153	163	176
150	29	44	58	72	88	100	114	128	142	156	170	184	198	212	228

注：1．本标准以碳钢制定，合金钢系数 1.3，铸铁系数 0.8。

2．本标准为钻、镗通孔的工时，平底孔的工时、台阶孔乘以系数 1.2。

表 5-37　线切割时间定额标准

H LT（min）	2	5	10	15	20	25	30	35	40	45	50	55	60
10	1	3	5	8	10	13	15	18	20	23	25	28	30
20	2	5	10	15	20	25	30	35	40	45	50	55	60
40	4	10	20	30	40	50	60	70	80	90	100	110	120
60	6	15	30	45	60	75	90	105	120	135	150	165	180
80	8	20	40	60	80	100	120	140	160	180	200	220	240
100	10	25	50	75	100	125	150	175	200	225	250	275	300
120	12	30	60	90	120	150	180	210	240	270	300	330	360
140	14	35	70	105	140	175	210	245	280	315	350	385	420
160	16	40	80	120	160	200	240	280	320	360	100	440	480
180	18	45	90	135	180	225	270	315	360	425	450	495	540
200	20	50	100	150	200	250	300	350	400	450	500	550	600
220	22	55	110	165	220	275	330	385	440	495	550	605	660
240	24	60	120	180	240	300	360	420	480	540	600	660	720
260	26	65	130	195	260	325	390	455	520	582	650	725	780
280	28	70	140	210	280	350	420	490	560	630	700	770	840
300	30	75	150	225	300	375	450	525	600	675	750	825	900
320	32	80	160	240	320	400	480	560	640	720	800	880	960
340	34	85	170	255	340	425	510	595	680	765	850	935	1000
360	36	90	180	270	360	450	540	630	720	810	900	990	1080
380	38	95	190	285	380	470	565	660	755	850	945	1040	1135
400	40	100	200	300	400	500	600	700	800	900	1000	1100	1200
450	45	112	225	338	450	562	675	787	900	1012	1125	1237	1350
500	50	125	250	375	500	625	750	875	1000	1125	1250	1375	1500
550	55	138	276	414	552	690	828	966	1100	1237	1375	1512	1650

续表

LT（min） \ H	2	5	10	15	20	25	30	35	40	45	50	55	60
600	60	150	300	450	600	750	900	1050	1200	1350	1500	1650	1800
650	65	163	325	487	650	812	975	1137	1300	1462	1625	1787	1950
700	70	175	350	525	700	875	1050	1225	1400	1575	1750	1925	2100
750	75	187	375	562	750	937	1125	1312	1500	1687	1875	2062	2250
800	80	200	400	600	800	1000	1200	1400	1600	1800	2000	2200	2400

注：1．表中 L 为线切割长度，H 为厚度。

2．弧线按展开长度乘以系数 1.2。

3．编程序时间自己处理。

线切割工时基本上是按一个小时需走多少平方毫米来计算的。

例如，周长×厚÷1200=小时

公式为普通线切割（快走丝）计算公式。慢走丝就需要根据零件精度的高低和粗糙度要求进一次切割或二次切割。

表 5-38　割毛坯时间定额标准

HT（min） \ L	直线	曲线	厚度	直线	曲线
6	6	10	70	48	66
8	8	12	75	51	70
10	9	14	80	54	74
12	11	16	85	57	78
14	12	18	90	60	82
16	14	20	95	63	86
18	15	20	100	66	90
20	17	24	105	69	94
22	18	26	110	72	98
24	20	28	115	75	102
26	21	30	120	78	106
28	23	32	125	81	110
30	24	34	130	84	114
32	26	36	135	87	118
35	27	38	140	90	122
40	30	42	145	93	126
45	33	46	150	96	130
50	36	50	155	99	134
55	39	54	160	102	138
60	42	58	165	105	142
65	45	62	170	108	146

注：下料的基本原则是根据料的厚度，每一个小时割一米的长度。其中包括画线工时在内。

表 5-39　钳工攻丝时间定额标准（通、不通、方便、不方便）

DT（min） \ H		5		10		15		20		25		30		35		40	
		通	不通	通	不通	通	不通	通	不通	通	不通	通	不通	通	不通	通	不通
6	方便	3.5	4.7	5.8	7.6	7.2	9.6	10.3	13.8	12	16	13.6	18				
	不方便	4.1	4.5	6.8	9.1	8.6	11.5	12.5	16.8	14.4	19.2	15.4	19.2				
8	方便	3.2	4.2	5.2	6.8	6.4	8.5	8.8	11.6	10.3	13.8	12.2	16.2				
	不方便	3.8	5	6.1	8.2	7.7	10.2	10.5	15	12.5	16.8	14.6	19.4				
10	方便			4.4	5.9	5.5	7.2	7.2	9.6	8.6	11.5	9.7	13.1	11.3	5	12.7	16.9
	不方便			5.4	7.1	6.6	8.6	8.6	11.5	10.4	13.8	11.6	15.6	13.6	18.1	15.2	20.3
12	方便			4.1	5.4	5.2	6.8	6.5	8.5	7.4	10	8.9	11.8	9.7	13.1	11.3	15
	不方便			4.9	6.5	6.1	8.2	7.7	10.2	9	12	10.6	14.2	11.6	15.6	13.5	18.1
16	方便			4.8	6.4	6.2	8.3	8.3	11	9.7	13.1	11.3	15	12.7	16.9	13.9	18.5
	不方便			5.8	7.6	7.4	10	9.7	13.2	11.6	15.5	13.5	18.1	15.2	20.3	16.7	22.2
20	方便					7	9.4	9.4	12.5	11	14.8	13	17.3	13.9	18.6	15	20
	不方便					8.4	11.2	11.3	15	13.3	17.8	15.6	20.6	16.7	22.2	18.1	24

任务小结

1．模具制造的成本核算中，工时定额常采用查表法核定（类比法）。

2．查表法是按各工种、工序的加工要求经规范统计平衡后制定的工时定额标准资料。一般相对稳定，每年根据企业制造工艺水平的提高进行一次修订，具体操作由各企业自行决定。

3．表 5-8～表 5-39 为某企业采用的工时定额标准资料的摘录，可满足一般模具的制造，仅供参考。数控设备加工的工时定额标准不在此列。

知识链接

劳动定额：

劳动定额是指为劳动消耗所规定的衡量标准。简单地说，是工人制造单位产品所消耗的必要劳动时间，或在一定的生产技术组织条件下，在合理地使用设备、劳动工具的基础上完成一项工作所需要的时间消耗。企业常称制作工时定额。

劳动定额的准确性是整套工装的成本价格的必然保证。所以当定额制定后，是不能轻易改变的。一旦需要改变必须经专业定额员更改，才能认可，价格才能改变。

思考题与练习

1. 什么是劳动定额？

2. 劳动（工时）定额的实质是什么？有何作用？

3. 计算下列零件线切割的制作工时定额。图略。

45#钢、板料：长 149.35×宽 120.15×厚 50，两底面加工要求为$\overset{0.4}{\bigtriangledown}$，四周面$\overset{0.8}{\bigtriangledown}$。

4. 采用查表法算出钳工钻孔、攻丝需要多少加工时间？下料气割毛坯需多少时间？

① 材料：45#；

② ϕ80 及 4×M8 均为通孔，其中 4×M8 中心定位圆周尺寸为ϕ120；

③ 厚度为 25mm，加工要求见图。

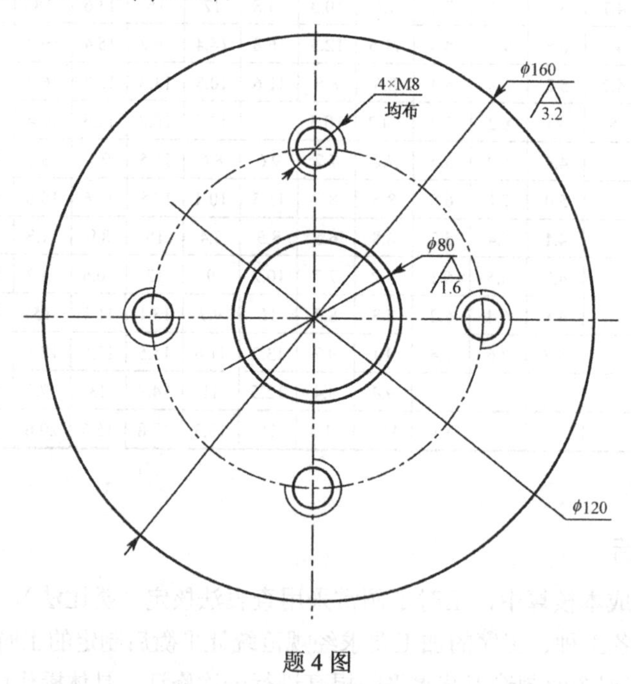

题 4 图

任务四 原材料消耗定额标准

任务描述

模具是用原材料经过必要的工艺加工而成的，各种原材料的使用量（消耗量）由模具图样和相关工艺决定，应如何计算，有什么规定（工艺要求）是本任务的主题。

学习目标

1. 了解材料消耗量的计算原理；
2. 掌握制定材料消耗定额的方法；
3. 学会编制材料消耗定额的技能。

任务分析

需要何种原材料，各需要多少，是可以通过计算获得的，其原理是零件所需要的原材料品质由设计图样规定，其所需要的消耗用量=（总体积+加工余量体积）×比重（kg）由此可知：

零件的净重=设计要求的（尺寸、形状）体积×比重

零件毛坯重量=Σ（各道工序加工余量）+设计净重

零件的设计净重是加工合格产品的最终要求，应该是不变的。各道工序加工余量的材料消耗量是变动的，它取决于生产制造工艺，主要影响因素是毛坯形式加工方法和整个加工工序工艺路线的长短。换言之，原材料消耗量的核定主要取决于制造工艺，工艺是制定零件原材料消耗定额的主要依据。

任务开始

1．加工余量

加工余量是指零件加工前后被加工尺寸与加工完成的尺寸之差，即相邻两道工序尺寸之差。

各道工序的加工余量必须选择适中。加工余量过大会造成材料的浪费，增加加工成本，更不符合低碳消费经济的时代要求；加工余量过小，工人加工难度增加，往往会因去除的多余金属量不足而造成达不到加工精度要求，产生不合格品零件将对产品质量影响很大，造成因小失大，很划不来。根据工人长期积累的实践经验和必要的科学实验，制定了不同的加工余量表，供设计工艺时参考，加工余量表可查阅相关的工艺手册或企业标准。

2．常用的几种几何体积与重量计算方法

① 圆柱体　体积 $V=\pi R^2 h$　　重量（钢件）$W=V\times7.85$

其中，R 为半径，h 为圆柱体长。

② 正方体　体积 $V=a^3$　　重量（钢件）$W=a^3\times7.85$

其中，a 为边长。

③ 长方体　体积 $V=a\times b\times h$

其中，a 为长度；b 为宽度；h 为高度。

其他开头的几何体如圆锥体、圆锥台、多棱体等，其体积计算公式可查阅数学手册或工艺手册等资料，这里不一一赘述。

其重量为体积乘以材料的比重，为减少小数点计算的麻烦和便于直接算出零件耗材的计量单位千克数，企业的材料消耗量计算，一般采用长度单位为分米来进行计算，即

$$1\text{dm}=10\text{cm}=100\text{mm}$$

即

$$1\text{dm}^3=10^6\text{mm}^3$$

常用金属材料的比重见表 5-40。

表 5-40　常见的金属材料比重

黑色金属：各类钢、铁	7.85 g/mm^3
锰 Mn	7.3 g/mm^3
有色金属：银 Ag	10.5 g/mm^3

续表

铜 Cu	8.93 g/mm³
铝 Al	2.7 g/mm³
零件材料重量：$W=V_{坯}\times C$	$V_{坯}$——毛坯体积

3．计算材料消耗量工艺标准

零件原材料是要花钱外购的，所以核算材料定额必须精打细算。各加工工序合理的加工余量现已规范化，可查表获悉，造成的浪费几乎为零，显然，其关键在于毛坯的下料尺寸。

现若需要钢板料厚 20mm，要下料 ϕ200mm 的圆形零件毛坯件，核定的材料消耗定额应如何计算。显然只有两种算法：一种是按圆柱形体积计算；另一种是按长方体体积计算。它们的体积计算公式为

$$V_1=\pi R^2 h$$
$$V_2=a\times b\times h$$

按照精打细算的原则 V_1 计算方法无可非议，但是圆柱板料坯件下完后，在钢板上剩下的是一个挨一个的圆弧边料余量，每个圆柱下料后剩下的四个周圆弧料修订是无法利用的，应计入本次毛坯下料的工艺废料。这些不可避免的工艺边角废料是必需的，也是正常的，列入生产成本的费用当然是合理的。因此上例中的 ϕ200mm 毛坯料的消耗定额应从长方体的计算方法为准。

ϕ200mm 厚 20 的零件毛坯钢材消耗量：

$$V_2=a\times b\times h=0.2\times 0.2\times 7.85\times 1.1=6.908\approx 7\text{kg}$$

公式末尾为何乘上 1.1 的系数？这是因为考虑到下料加工所必须消耗的切屑废碴量，通常适用于型材下料的坯件。

若零件毛坯为铸件，则由铸件制造的工艺人员根据铸造工艺的制造要求确定坯件重量，即零件的材料消耗定额，若零件和毛坯为锻件，同样是由锻造工艺人员确定其材料消耗量。

1．零件材料消耗用量由两部分组成；一是要达到图样设计尺寸的成品用量；二是制造过程中必须消耗的加工余量。因此，一般零件的材料消耗定额最终取决于零件毛坯尺寸的用量。

2．查表按数学的几何体的体积公式计算毛坯体积，按设计或工艺手册查得材料的比重，再考虑制坯工艺的材料消耗和下料的工艺消耗，即可计算出零件材料消耗定额。要特别注意的是，工艺制坯的消耗和合理的加工工艺余量的消耗。因此，从制造角度而言，不懂零件生产工艺的人是不能胜任这项工作的。

知识链接

1．零件材料消耗定额是以千克为单位进行计量的。

2．零件原材料是从市场采购而来的，因此原材料的采购希望品种少而集成量大。一是便于管理；二是量大可获得批发价，降低材料消耗成本；三是品种的需求量少于零售的起点

量，则会造成材料资金的积压，影响企业流动资金的周转而影响企业的经济效益。

思考题与练习

1. 什么是零件的材料消耗定额？有何作用？

2. 试计算某零件的钢板下料件，厚 30mm，直径 ϕ160mm 的坯件重量，其材料消耗定额是多少？

3. 试计算圆棒钢材下料件的重量及材料消耗定额。坯件直径 ϕ450mm，长度 100mm。

任务五　模具成本核算实例

任务描述

某产品的特殊垫圈零件的工艺，现采用冷冲压工艺制造。根据垫圈的图样要求已设计完了一套落料冲孔模。由于修订的冲模上下模座已实现了通用标准，本套冲模的设计变得较为简单。总装图表达的是其工作部件的工作状态图，只要标明型号、规格和标准代号选用即可，而退料杆需车间自制。

若企业的平时小时费用率为 15.4 元/h，企业内部钢材平均核算单价为优质碳素钢 5.5 元/kg，模具合金钢 9.5 元/kg，其各零件的简明工艺文件已编制，如任务二案例见表 5-1 ~ 表 5-6。现在的任务是核算该套冲模的生产成本是多少？

任务分析

1. 根据模具生产成本的定义，依据其编制的零件工艺文件，编制制作工时定额和材料消耗定额。

本案例的工艺文件及工时定额见表 5-1～表 5-6，材料消耗定额见表 5-41。

2. 根据上述资料进行成本核算。

任务完成

1. 计算材料成本

Σ 零件材料消耗定额×市场材料价格/kg

本案例按表 5-4

共消耗钢材 0.784kg

则：$0.278 \times 9.5 = 2.64$元

$0.506 \times 5.5 = 2.783$元　　合计 5.45 元

2. 计算工时费用

Σ零件制作工时定额×车间平均小时费用率

本案例按表 5-1～表 5-6

制作总工时为 24.10h

则工时总费用=24.10×15.4=327.22 元

3. 管理费用

（工时费用+材料费）×20%=66.53 元

4. 案例所示冲模生产成本

材料费用+工时费用+管理费用

则落料冲孔模部件（图号 LM50-013）生产成本=393.75≈394 元

表 5-41 材料消耗定额

工装主要材料消耗明细帐							工装名称			图号		共 页
							落料冲孔模			LM50-013		第 页
序号	零件			材料			每件制成零件数	工时定额			每件制成零件数	备注
	图号	名称	数量	牌号	规格及尺寸	重量（kg）		类别	外形尺寸	重量（kg）		
1	-2	冲子	1	Cr12MoV	$\phi22^{+0.030}_{+0.015}\times24$		1	圆钢	ϕ30×30	0.058		
2	-3	凹模	1	Cr12MoV	ϕ44×24		1	圆钢	ϕ50×30	0.162		
3	-4	退料器	1	45#	ϕ15.5×12		1	圆钢	ϕ20×18	0.016		
4	-6	凸凹模	1	Cr12MoV	ϕ23×24		1	圆钢	ϕ30×30	0.058		
5	-7	退料板	1	45#	70×70×4		1	板	75×75×10	0.49		
注：按企业内部控制价：45#5.5 元/kg；Cr12MoV9.5 元/kg												
实际原材料费用为 2.65+2.8=5.45 元												

任务小结

1. 本案例三个定位销因是标准件，价格是固定已知的，应计入成本。但因价值小可忽略。

2．本案例以工艺为基础，按类比法估算工时定额，按工艺计算法核定材料消耗定额，依据材料市场单价进行材料成本的核算；按企业的生产平均小时费用率进行制件工时费用的计算。

3．本案例因采用通用标准模架，若外购则应加入生产成本；若采用企业生产现场的现有通用模架，则不应计入本次的生产成本。

思考题与练习

1．试计算本案例各自制零件的钢材消耗量。其材料消耗定额是多少？

2．若加工本案例零件，采用不同于本案例拟定的工艺方案，则其生产成本如何核算？

模块六　模具的营销管理

改革开放以来，特别是2001年我国加入WTO后，中国已发展成为世界制造业基地。为机制业服务的模具产业得到空前迅猛发展。模具生产已从企业的工艺性准备的自制生产逐步进入了模具专业化现代化社会大生产。由于模具需求呈几何级数增长，模具营销已从企业的内销脱颖而出成为市场化营销。模具的市场营销应如何进行，是本任务要研究的课题。

如何学习

市场营销是一门学问，它解决的是企业产品如何通过市场进入到最终客户手中。因此，首先，要对市场经济有所认识，对市场营销要有深入地理解，则必须学习有关市场营销的一些基本知识来武装头脑，掌握市场的一些基本的游戏规则。

其次，深刻认识模具产品的特殊性。结合企业经营能力和生产实力，灵活运用市场营销策略开拓模具产品自主的市场。

最后，学习现代营销手段，努力做好模具企业的营销管理工作。

任务一　模具产品的营销管理

任务描述

如何运用市场营销的基本知识达到进入市场获得效益的目的，是本任务要研究的课题。

任务分析

模具产品由于其产品的特殊性，其产品市场的范围是固定的，但模具生产发展速度十分快，它在铸造、锻造、冲压、塑料、橡胶、玻璃、粉末冶金、陶瓷制品等生产行业中被越来越广泛地应用，这是由于采用模具进行生产能提高生产效率、节约原材料、降低成本，并可保证一定的加工质量要求。所以随着科技的进步和产品更新加快，模具产品的市场需求量一增再增。模具由附属产品发展成一个产业化的独立产品，其营销管理由企业内销扩展为国内、外客户的营销。模具的营销管理近年来随着市场的扩张而成为模具生产企业的一大热点。按市场营销的基本知识，应用模具的营销管理。主要是以模具产品为对象，调查、分析市场特点，确定其在市场上的定位，确定企业目标市场，依据自身实力研究制定营销方针、目标策略和工作计划，在运作中实施动态管理，采取各种应急措施，千方百计保证企业生产经营任务的完成。

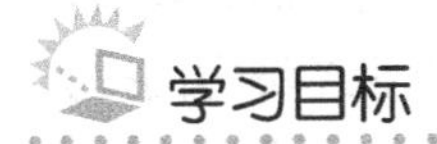

学习目标

1. 深刻了解模具市场。
2. 熟悉模具营销的常用策略。
3. 掌握模具营销的方式方法。
4. 创建具有本企业管理特色的模具营销模式。

任务完成

一、模具市场

1. 模具产品的特点

模具是现代工业生产的一种重要的工艺装备，是为规模化生产的产品服务的工艺性产品，它不是供人欣赏的工艺品，而是一种特殊的工业制品。它虽然被广泛应用于国民经济中的各行各业，但由于品种繁多、每批需求量少、制造精度高，应归属于单件少量生产的规模、专业性又很强的生产资料类型的工业产品。模具产品的工艺特性使其具有产品行业的特点例如，应用于汽车制造业的铸造、锻造、冲压、玻璃、塑料、橡胶等特色的模具，应用于塑制品制造业的注射模具、热固性压缩模具、吹塑模具等类型的模具，还有大量生产的家电行业的各类特色模具。以制造而言，模具分为冷加工用和热加工用两类。随着模具标准化程度的不断提高，模具标准零部件生产呈现了批量规模生产。

模具产品的工艺特点决定了专门设计与制造出模具的交验方式是现场投入试用后，生产出合格的产品零件，是订单式质保性生产，这是其主要特点。模具产品的第二个特点是需求的多样性和专业性。第三个特点是需求的层次性，模具产品分为高端、中档、低档三个需求层次，其设计制造要求也不完全相同。第四个特点是需求的周期性，因为工业产品有生命期，模具产品也有使用生命期，市场变化有一定周期性。

2. 模具市场的概况分析

① 我国的模具市场在改革开放前是一个附属于企业的内部营销市场，属生产资料宏观市场中的附属生产者或间接生产者市场。在计划经济体制下，模具生产的任务是满足本企业（或军工行业）的产品工艺需求。在GDP中没有其地位。改革开放三十余年来，特别是2001年加入WTO以后，我国以其丰富而廉价的人力资源和一定的技术实力，以及优惠的经济政策和营造宽松的投资环境，吸引了大量的外资，我国的制造业得到跨越式发展，早已成为世界制造业的中心。为制造业服务的模具需求随之急剧增加，迎来了我国模具产业的大发展大进步。模具市场出现了空前的繁荣和强劲之势。近年来，模具制造业年产值在我国的GDP中所占的产值已突破千亿元。据统计，除我国港、澳、台外，现有模具生产厂点已超过20000

家，从业人员超过 60 万。

② 在现代工业生产中，60%～90%的工业产品需要用模具制造，模具工业已经成为工业发展的基础。按市场三大要素分析，制造业从业人口的迅速增加源于制造业的大发展，购买意愿来自于制造业现代化生产需求的迅猛增大，而购买力的增强是因企业经济力的提升，所以模具市场的前景是非常可观的。虽然就我国模具制造业整体而言，尚处于不发达阶段，但模具市场的需求却是十分强劲的。这是我国模具产业难得的机遇，同时又是严峻的挑战。我国的模具市场主要是国内市场，其次是国外市场，据海关统计资料，2004 年我国模具进出口总量为 23.04 亿美元，比 2003 年增长 35.05%，其中进口总量为 18.13 亿美元，比 2003 年增长 32.37%。从这里可看出，模具尚有 120 多亿元人民币的市场份额，国内模具企业因满足不了要求而丧失，从资料分析可知，进口模具中塑料、橡胶模具金额为 9.86 亿美元，所占比例为 54.4%；冲压模具金额为 5.61 亿美元，占 30.9%；其他模具及模具标准件金额为 2.66 亿美元，占 2.66%。丢失的主要是模具的高端产品，如高精密模具、汽车覆盖件的大型冲压模具，目前约占 1/3 总需求量，尚要依赖境外进口。入境货源地主要是日本、中国台湾、韩国，其次是德国、中国香港、美国和意大利，这也折射出了我国模具行业与世界水平的较大差距。

③ 我国模具市场主要分布在珠三角地带、长江三角区和渤海湾经济区，主要集中在汽车制造业、家电制造业、塑料制品行业、陶瓷、冶金及日用品行业等领域。

④ 三佳科技股份有限公司是我国唯一的一家以模具为主营业务的上市公司，挤出模具在国内市场占有率长期保持第一，“TNINITY”品牌自 1998 年进入欧、美、日等国市场，为化学建材（塑料门窗行业）发展服务，模具产品实现了走出国门开展国际营销。

还有以精密多工位级进模为主，以电加工手段为特色的北京康迪普瑞模具技术有限公司，是我国近年来坚持技术创新打造高端模具的现代模具制造企业。

此外，我国的模具生产企业数量虽多，超过 20000 家，但均为中小企业。以广东省为例，目前有模具企业 8000 多家，但平均每家企业不足 30 人，加工手段落后，生产效率低下，其市场竞争力不强。但是，他们在模具市场供求关系紧张的情况下占有一定的市场份额，往往以价格取胜，是模具市场的竞争对手。

值得一提的是，近年来通过深化体制改革，一些央企经过改制重组，原附属于大企业的模具制造分厂或专门对军工行业服务的工模具专业厂，也纷纷以股份制面貌脱颖而出成为独立法人的模具企业。这些企业一般基础较好，管理有序，是模具市场的生力军，具有较强的竞争实力。

3. 模具产品营销与方式

① 由于模具产品的工艺性装备特性，模具产品一般为量体裁衣式的定制营销，即订单式单件小量生产。近年来创建的模具标准件生产企业，虽然在生产规模上有突破，但其多品种多规格零件的生产，也是按各模具企业的订货量和合同交货期组织生产的。合同签约的订单来自工业产品生产企业，有两种方式：一是通过原有配套的企业，或上门推销、或专业组织中介，实现国内市场的营销和行业内销；二是通过积极参加全球各项专业展览会及在专业杂志上大量进行广告宣传，或通过国际合作、技术引进等方式来开拓国外市场，并逐步营造各种渠道建立全球销售服务网络，实现服务本土化。

② 定制营销方式，对于模具市场而言有三种方式。第一种是模具生产企业按使用方提供的设计图纸进行订货生产，按签约的合同要求进行交货。第二种是按使用客户提出的技术要求，模具企业进行模具的设计，得到客户的认可后组织生产，按合同交货。第三种是客户提供模具实物，模具企业通过测绘设计图纸，经客户认可后组织生产。当然从管理的角度而言，无论哪种定制营销均必须进行合同的签订，也可利用现代的网络与通信技术，开展网上交易和图样传输等业务性工作，这对于跨国的模具定制营销尤其重要。

二、模具营销务实

（一）企业的目标市场定位

模具企业根据自己的经营生产条件，在对模具市场进行调研和预测的基础上，通过市场细分经过反复研究分析，确定企业的目标市场定位。目的是明确企业将生产什么类型的模具，如塑料橡胶模、冷冲模、锻模、陶瓷模、粉末冶金模……，然后确定模具大门类中的某个类型的模具，最后确定自己的目标市场。同时还要量力而行，企业要认定制造的模具产品是属于高端产品还是低端产品，以至于最终确认本企业模具产品的市场定位。这对企业的经营管理极为重要，因为企业将根据产品的市场定位谋划企业的经营生产计划和发展方向，事关全局必须高度关注。

案例：北京康迪普瑞模具技术有限公司原是北京电加工研究所的一个模具研究室，2000年通过改制，不到四年时间企业迈了三大步，由过去单承接电工艺发展到精密加工协作到加工模具主要构件再加工成套的多工位级进模，制造精度也由3～5lm提高至1～2lm，经济效益也由每年完成100多万提高到每年超过1000万元。他们之所以取得这样的业绩，得益于有一个准确的市场定位，有明确的发展思路，以精密多工位级进模作为主攻方向，并逐步建立了一整套现代企业管理制度，坚持技术创新，坚持诚信服务，坚持注重人才培养。如今生意越做越大，产品走出了国门。

（二）模具营销策略

1. 模具营销

首先抓好产品策略，应对市场变化，把握客户购买心理，提高自身的市场竞争实力。产品是企业展开营销的实力之本，按整体产品概念，要着力打造自身产品的整体形象，客户一般是同质比价，同价比质，不但要在模具产品的品质上下功夫，而且要在附加产品上大做文章，努力打造整体产品的企业特色。

① 着力于新产品的开发，以技术创新为动力，不断向市场推出自主研发的新模具，实施以新取胜的谋略。

② 不断坚持，长期拼搏，努力实施品牌策略。

③ 注重产品服务策略。服务是一种特殊的无形的营销投资活动，它向用户提供所需的满足感，同时又增加企业的亲和力，使企业在竞争中处于有利地位。对模具而言，做好用户的售后现场服务工作，是赢得用户信赖获得良好的忠诚度的高招。

2. 定价与策略

影响产品价格的主要因素有四个，分别是宏观政策法规、市场供求关系、市场竞争因素、消费者心理因素。企业定价必须严格遵守国家施行的《中华人民共和国价格法》基本准则。市场供求关系对价格的影响，决定了企业的利润多寡，虽有波动，但市场认可的产品的价值（基本价格）相对是稳定的。价格决定了市场对资源的配置作用。市场竞争因素是指产品价格要随着竞争对手的价格变化而相应变化。影响企业定价最主要的因素是成本、市场需求与竞争，与此相关的常见的定价有三种方法。

1）成本定价法

成本+税金+利润=价格

（1）成本加成定价法

又称加成法，即以单位总成本加企业的预期利润定价。售价与成本之间的差额就是“加成”，“加一成”即加10%。其计算公式为

产品价格=单位产品总成本×（1+加成率）

“加成法”的核心是成本的核算要准确及加成率的确定。其优点是简便易行，在正常情况下可使企业获得预期利润。但定价时只考虑产品成本，忽略了市场需求及竞争因素，缺乏灵活性，难以适应激烈变化的市场竞争。

（2）边际贡献定价法

边际贡献（边际利润）是指商品价格与变动成本之差。这种定价方法适用于现有产品滞销，而又无别的产品可产时，企业为了减少亏损维持生产，保住市场份额，避免或推迟企业破产，等待机会复兴。另外，在多品种生产的企业中，固定成本的合理分摊往往很困难，在尚有闲置生产能力情况下，只要有边际利润，就意味着有利可图，可接受订货进行生产。

（3）盈亏平衡点定价法

盈亏平衡点定价法是保本定价法。其计算公式为

$$P=V+F/Q$$

式中 P——产品应定价格；

V——单位产品变动成本；

F——产品总的固定成本；

Q——产品的产量。

这种方法适用于企业的经营生产遇到困难时，为避免定价过低而使企业亏损的保护性定价方法。

2）需求定价法

它是以消费者需求和可能接受的价格作为定价依据的方法，其必要条件是企业对市场行情的充分认真调研。它主要有两种方法定价：

（1）认知价值定价法—理解价值定价法

凭消费者对产品价值的效能比较，评估其价格“值”不“值”。

（2）反向定价法

由消费者能够接受的价格→产品成本价→出厂价。这在模具市场上是常见的一种定价

法。购买者订购模具往往谈到最后只肯出一个最高价，这个价格能不能做，要倒推出产品成本价，有利润即可签合同成交。

3）竞争定价法

它是以主要竞争对手的同类产品价格为依据，并根据竞争态势的变化而调整的定价方法，主要有以下两种。

（1）随行就市定价法

它的依据是本行业的平均价格水平，或是主要竞争对手同类产品的现行价及龙头企业的产品价。这种方法运用较为广泛，可保证产品销路。

（2）投标定价法

即以竞争投标方式确定商品价格的方法。这是目前市场竞争透明度较高的方法，被国内外客户广泛采用。这种方法是通过预期竞争者的价格，而不是自己的成本价或市场需求价来定价。具体方法是企业应做好自己的投标后，参加竞标，关键是对竞争对手标价的预测。

4）模具产品定价策略

模具产品在打造整体产品形象基础上，其营销中的关注焦点在于产品的定价，一般其定价策略有五种类型。

（1）新产品定价策略

① 撇脂法：新品上市定高价，出现竞争者，逐步降低。

② 渗透法：新品上市优质低价，待打开销路，占领市场后再逐步提价。

③ 反向定价法。

（2）心理定价策略

① 整数定价：价格去尾舍零凑整的定价策略。

② 尾数定价：价格保留尾数，采用零头标价，如400元标价为399元或398元。

③ 招揽定价："特价品"定价。

④ 习惯性定价。

⑤ 品牌（名牌）定价策略：同类产品名牌价稍高于其他品牌。

（3）判别定价策略

判别定价是指同种商品因条件变化而产生的需求强度差异性定价，应用较灵活。判别定价策略主要有以下几种形式。

① 顾客差别策略，同种商品对不同顾客制定不同价，如新、老客户，批发与零售，长线与短线顾客价格不同。

② 款式差别策略。

③ 地点差别策略。

④ 时间差别策略。

（4）折扣定价策略——促销策略

① 现金折扣。

② 数量折扣。

③ 季节折扣。

（5）地理定价策略

企业对于不同地区的客户，分别制定不同的价格或统一的价格政策，地理定价策略主要形式有

① 原产地定价策略。

② 交货定价策略。

③ 分区定价策略。

④ 基点定价策略。

⑤ 运费免收定价策略。

模具生产企业应根据市场行情的变化，在价格策略上灵活选用，目的只有一个，抢占市场与多挣利润。

3．模具产品市场的渠道策略

模具产品因其为工艺装备工业产品，量少、价高、专用性强，所以渠道策略是市场营销管理的一大关键。销售渠道是指产品的生产者通过市场将产品卖到最终客户手中的通道。要解决的是市场交易如何运作，产销之间选用什么渠道实施，模具产品常采用直销渠道或代理商或子公司分销渠道。

1）直销渠道

模具企业的营销人员直接上门拜访与客户进行推销活动，或者企业通过商品展销会平台，在会内外与客户进行营销活动；或通过模具行业协会的活动及其专业刊物的广告发布信息，向市场宣传本企业的模具产品，招徕客户联络业务。这种渠道通过各种方式，包括网上发布企业产品的网页，促使供需双方直接洽谈、直接交易，现被广泛采用。

2）代理商营销的分销渠道

由于中小企业的人力财力有限，特别是市场知名度不高，为了打入模具市场，往往委托专业产品的经销商、模具协会的附属单位或国外的代理商进行代理营销。中间商沟通供需双方，起中介桥梁作用。这对于无进出口权的模具企业，将模具产品打入国际市场非常重要。无论是在国内还是国外，代理商的选择是关键，因为代理商的资质与信誉、专业运作能力决定了被代理企业的营销业绩，还有降低商业欺诈的风险。

3）建立本企业的子公司或办事处进行分销或直销

国内模具产品的客户大多集中在珠三角、长三角及渤海三角经济区，为了及时掌握客户的市场需求及行情变化，在客户群的集中地区设置自己的营销机构或寻找理想的代理商十分必要，对于开拓市场、巩固市场、营销与服务都十分有利。这是中、大型企业经常采用的营销渠道形式。

4．模具营销的广告与促销

（1）人员促销

人员促销对于模具产品来讲，主要是营销人员的促销培训，许多工业发达国家的企业认为："没有推销员就没有企业"，"优秀的推销员是企业的生命线"。模具产品的市场因针对性强而相对较狭窄，因此，靠人员促销的方式是其主导方式。

模具产品的推销员的管理目标是努力提高营销人员的素质，主要是培养其具有较高的思想素质、文化素质、业务素质和身体素质。思想素质是指具有较好的职业操守。文化素质是

指应具备一定的文化水平。现在有不少企业对新进企业的大学生，经过一年左右的劳动实习后，就安排他们到产品市场去当销售员，往往会取得一石二鸟的效果，由此可见，文体素养多么重要。业务素质是指销售人员不仅要知识面广，而且要具有丰富的业务技能和推销经验，能善于说出产品的卖点，会道出客户的购买意图，能动手使用产品，会见机行事，把握市场信息。推销员在外面很辛苦，因此，没有一个强壮的身体肯定是不行的。

（2）广告策略

广告是为了实现促销目的。其基本理论是AIDAS策略，AIDAS是注意、兴趣、欲望、行动和满意五个英语单词的第一个字母的组合。即唤起注意（Calling Attentiom）、引起兴趣（Holding Interest）、启发欲望（Arousing Desire）、导致行动（Obtaining Action）和购后满意（Satisfaction）。

模具产品的广告促销方略，要注意以下几个问题：

① 广告受众的有效性。

② 广告成本的经济性。

③ 广告形式的多样性。

模具产品常用的广告形式：

产品说明书，专业工业产品刊物的广告，赠送小礼品的广告，模具刊物的广告宣传，专业展销会的商业陈列，以及企业简介性质的碟片，网上网页的宣传等，均可根据市场与地域习俗等因素综合选择。总之要达到广告效果好，广告成本低，则应按AIDAS策略行事。

5．营销网络

充分利用现代信息和网络技术，及时收集与整理传输市场信息，有条件的可以展开网上交易。要特别注意将企业的全部营销信息经过分类整理输入计算机存档，这对于及时掌控市场行情、指导经营计划、制定营销政策和开拓与扩展市场等均为有利。及时迅速、成本低廉及可直接交易是其最显著的特点，现在已被越来越多的企业采用。

任务小结

1．模具产品的营销管理的基本功在于市场的调研和市场的准确定位。

2．模具产品的营销在企业中起着龙头作用，而营销团队却是营销管理之本，人员的素质决定了企业营销的兴衰。

3．营销管理的基础是市场营销的基本知识，虽然随着市场经济的发展，相关的书刊介绍越来越多了，但只要深刻理解市场的基本原理，根据市场行情，审时度势灵活运用，必有效果。营销策略千变万化，关键是看效果。

4．模具营销不同于其他商品，要因地制宜，量力而行。

知识链接

公共关系促销

以市场营销的观点观之，公共关系促销是企业为树立自身的良好形象和提高美誉度，而对社会公众开展的一系列活动，以提升社会公众对企业的亲和力和信誉度。它是一种间接的促销方式。它直接的目的是赢得客户好感而扩大销售。

它有四大特点：

1. 公共关系促销是一种公众关系的促销。

2. 公共关系促销是一种传播活动，即扩大知名度。

3. 公共关系促销是一种管理职能，它是一项专业性很强的管理工作。因为公共关系促销策划的活动有一套系统的工作程序，涉及面广、组织工作量大，面对公众群体的事绝不是小事。

4. 公共关系促销是一种长期行为。如施善举促平安健康，并非一朝一夕之功，获得社会各界的信誉要经过长期努力不断积累，绝非急功近利的短期行为。

其主要有三大手段：

1. 人际传播，即人际沟通。

2. 群体传播，即通过一定的组织形式进行的传播活动。

3. 大众传播，即通过现代传播媒体，向社会大众提供信息的传播方式。

思考题与练习

1. 模具产品的营销工作的性质与目的是什么？

2. 模具产品营销管理的主要内容是什么？

3. 如何推销塑料注射模产品？

4. 做好模具定价工作，从管理上讲要注意哪些问题？应如何处理？

5. 如何做好冷冲模市场的调研工作？

任务二 营销案例

"三佳科技"挤出模具销售业务

受本年度挤出模具在欧洲市场预期目标实现的鼓舞，"三佳科技"股份有限公司继续加大该领域投资，使化学建材模具在欧洲市场继续保持旺盛发展势头。

2004年上半年，三佳科技股份有限公司在奥地利新建了销售服务公司 Trinity Austria（TA公司）。该公司坐落于奥地利林茨市，聘用欧洲塑料挤出待业的资深人士进行管理，主要进行销售、服务等相关业务，除联系订单外，TA 公司还负责三佳模具品牌在欧洲地区的推广介绍，并协调参加重要展会等事宜。

TA 公司成立以来，已经获得多项订单，取得了阶段性成果。在 2010 年举办的德国 DUSSELDORF 三年一次的国际橡塑展销会上，TA 公司积极协助总部组织和策划展览相关事宜，并以新闻发布会的形式扩展了三佳模具的品牌影响力，使"三佳科技"在本次展销会上各项工作取得了圆满成功。

除在奥地利建立分公司外，近期，"三佳科技"还在北京建立北京三佳挤出有限公司，以适应出口欧洲和其他地区业务不断发展的形势需要。

“三佳科技”是中国唯一一家以模具为主营业务的上市公司，挤出模具在国内市场占有率长期保持第一，品牌具有极高的市场知名度和美誉度。公司挤出模具年生产能力为 1500 套，位居世界前列。

1998 年“三佳科技”挤出模具开始进入国际市场，至今已出口到美国、欧洲、日本等国家和地区，三佳科技股份有限公司已为近 600 家用户成功提供 9000 套模具。

近年来，“三佳科技”通过积极参加全球各项专业展览会及在专业杂志上大量进行广告宣传，使品牌开始被中国以外的用户熟知并接受，“Trinity”正日益成为具有国际影响力的品牌。

“三佳科技”拥有自主知识产权，多项技术在中国、美国和欧洲已申请专利。公司以自主开发新产品、新技术为主要方式，并通过国际合作、技术引进等方式，吸收消化国际最新技术，使“三佳科技”产品保持国际先进水平，并具备良好的独创性；与此同时，公司主动应对全球经济一体化格局，通过各种渠道建立全球销售服务网络，实现服务本土化目标，为全球的用户提供快捷、周到的服务。

三佳科技通过自身的不断完善和努力，正逐步成为世界知名的挤出模具制造商，为欧洲及其他地区塑料门窗行业发展作出自己的贡献！

第二篇
模具的管理方法和运作

上篇重点介绍了模具管理的主要项目和各项目管理的主要内容，是模具管理的基础知识。各项管理工作应如何运作是本篇的研讨重点，其主要内容是模具生产的管理方法、模具质量管理方法、模具的估报价操作，以及模具的使用管理。模具主要管理工作的具体展开和协调运作是保证模具产品优质高效经济产出的基本条件。

模块七　模具生产的计划管理方法

如何学习

模具生产的计划管理是模具生产的日常性具体工作。模具生产计划面对的是本企业经营生产的专门类别产品作业排产，短期计划十分具体。关于生产作业计划编制原则，在本教材模块一中已做了重点阐述。本模块的重点在于作业生产计划和重点产品的生产计划如何开展。通过实例介绍运用于模具生产计划管理的常用两种方法——生产周期法和网络节点法，使模具生产计划管理更加科学、有效。

基本概念与术语

1．生产能力

生产能力是指在一定期限内（通常为一年），企业直接参与生产过程中的固定资产（机器设备、厂房、生产设施），在一定技术组织条件下，能生产一定种类和一定质量产品的最大数量，或能够加工处理一定数量原材料的能力。

生产设计能力——企业固定资产设计任务和技术文件规定的生产能力。

生产核定能力——企业运行后经过重新调查核定的生产能力。

生产计划能力——企业在计划年度实际能够达到的生产能力，它是编制企业年度计划、确定生产指标的依据。

2．期量标准

期量标准是对生产作业计划中的生产期和生产数量，经过科学测算和分析而规定的一套标准数据。模具生产属单件生产性质，其期量标准有生产周期、生产提前期等。

生产周期——产品（零件）从原材料投入生产算起，到成品制成产出所经历的全部时间。

生产提前期——产品（零件）在各工序阶段投入（产出）的时间，比最后出产成品时间所提前的天数。

本车间投入提前期=本车间出产提前期+车间生产周期

本车间出产提前期=后车间投入提前期+保险期

任务——生产作业计划的编制方法。

任务一　模具生产计划作业的编制

任务描述

生产作业计划是企业生产计划的具体执行计划，是生产计划的延续和补充，是企业日常生产活动组织的依据，它比生产计划在内容上更具体，在计划期限上更短，在计划单位上更小，其计划项目细化到工序或模具的零部件。生产作业计划是通过什么方法层层落实到生产工人的呢？这是本任务重点要突破的课题。

任务分析

生产作业计划编制一般要有两个阶段。通常，第一阶段是企业的生产计划部门根据订货合同的要求，技术部门依照产品图样进行工艺设计拟定工艺路线与材料定额，编制外购、外协件目录，完成模具生产的技术与物料准备工作后，由生产部门编制各生产车间的生产作业计划任务书，以指令形式下达到各车间。第二阶段是各车间内部的生产作业计划，将生产指令下达到工段、班组直至个人。对于模具生产而言，通常采用生产周期法进行生产作业计划编制。

学习目标

① 熟悉生产作业计划编制的全过程。

② 初步掌握车间内部生产作业计划的编制方法，即掌握生产周期法的编制方法。

任务开始

生产周期法适用于单件生产企业，符合模具企业生产特点，成为模具企业编制作业计划的首要方法。

1．生产周期法

生产周期法是根据预先制定的每类产品的生产周期标准和合同交货期限要求，用反工艺顺序依次确定产品在各车间投入和产出时间的方法。

1）生产计划编制原则

① 必须有全局观点，即必须服从国家经济计划的方针和目标，满足市场需求。

② 必须积极平衡，即要充分利用企业现有资源，发挥现有生产能力，挖掘生产能力，扬长避短，在此基础上进行协调和发展。

③ 必须要留余地，防止过饱和超能力，以便应付新情况。

④ 必须切合实际，即要深入实地进行调查研究，要相信与依靠企业员工。

⑤ 要有可靠的核算基础资源，如产能、定额、利用系数等。

2）编制生产计划的依据——可靠的信息资源

编制生产计划需要收集和掌握大量的信息资料做依据，这些可靠的信息资源如下：

① 销售计划、协议、合同，确定新产品产量与进度；
② 市场预测（同上）；
③ 企业长期的战略计划（规划）；
④ 库存准备情况，确定产品产量；
⑤ 生产技术准备情况，落实产前准备工作；
⑥ 原材料、外购件、配套件供应情况（同上）；
⑦ 劳动定额，用以核算依据；
⑧ 期量标准，确定批量与进度；
⑨ 外协信息，落实生产进度；
⑩ 历年生产统计资料，用以指标核算。

3）用生产周期法编制生产作业计划的步骤

① 根据各项订货合同规定的交货期限要求和事先编好的产品生产周期标准，制定各种产品的生产周期图表。

② 根据各种产品的生产周期图表，编制全厂各种产品投入和产出综合进度计划表，以协调各种产品的生产进度和平衡车间生产能力。

③ 下达各车间生产作业计划书。在综合进度计划中摘录出各车间当月应投入和产出的任务，再加上上月结转的生产任务和临时承担的任务，即为各车间当月的生产任务，厂部生产计划部门按作业计划书形式下达车间当月生产指令。

2. 订货点法

模具行业迅速发展使得模具标准化程度不断提高，对于模具的通用件（如模座、模板），标准件（如导柱、导套），已集成为批量性生产性质，采用订货点法可简化与方便生产作业计划的编制。订货点法通常要求预先制定模具各种标准和通用件合理的批量数，一次集中生产一批，等到其库存储备减少到“订货点”时，再安排下一批生产任务。订货点是提出订货的库存量，其计算公式如下：

订货点（库存量）=日平均需用量×订货周期+保险储备量

3. 生产作业计划控制

生产作业计划的控制是完成生产作业计划的基本手段，其目的是保证实现既定的生产作业计划。控制内容主要是生产作业计划进度的控制和在制品（半成品）的控制。

1）生产作业计划的进度控制

进度控制的目的是及时发现生产作业计划与实际结果之间的不相符情况，而对生产过程中发生的差异情况，须立即查明原因，采取有效措施加以解决，以保证生产作业计划进度的实现。进度控制主要是抓投入与产出两个关口，对于单件和大批生产的投入控制方法是监控投产计划、配套表、产品零件加工路线作业单、工件流动合格卡等表格单卡动态信息，并利用生产调度会和日报表来协调控制投产进度，对于产出进度的控制应以综合产量进度、产品项目产出进度和生产均衡控制等三个要点进行控制。综合产量进度控制就是控制实产数与计划数的比例。项目产出进度控制就是控制模具新产品的配套产出，应为生产进度控制的重点，在实际工作中常用甘特图（排列图）或网络图来实施监控。

2）*在制品的控制*

在制品是指车间内正在加工、检验、运输和停放的半成品。在制品控制实质上是对生产环节上占有的流动资金的控制，形式上是对其各种在制品在生产环节上占有数量的控制。其关键在于强化生产作业计划管理和在制品定额管理，同时还应有相应的技术组织措施作保障。对于模具生产的在制品量控制，主要用加工路线单或工序流动卡来控制在制品的流量，并通过车间生产在制品占用账本来掌握在制品用量变化情况。

4．实例

模具生产企业接到集团公司生产部门下达生产 M50-036C 模 2 套的生产作业指令，交货期为 30 天，模具生产企业立即开展下列工作。

1）*编制生产技术准备任务书*

模具公司生产调度科室的主管计划员根据上级下达的生产作业计划和 M50-036C 图样，编制生产技术准备计划任务书，经主管人员核准分别下达到公司各业务室组。其计划任务书形式见表 1-7。根据 M50-036C 模具图样的总体结构复杂程度，分析认定为一般复杂程度，计划任务书要求模具公司的技术质量室在 3 天内完成工艺规程、原材料消耗定额和制作工时定额的编制，同时提出自制件、外购件及通用件的配套目录。第 4 天，将按计划任务书的要求完成的各项资料汇总于公司生产计划调度室，主管计划员据此对模具车间下达生产作业计划，其作业计划形式见表 1-8。此时，作业计划、图纸、工艺文件、工时定额、型材下料件，基本同时交付生产车间。其中锻件毛坯 3 日内到位，外购件、通用件、标准件要求在 M50-036C 模具装配前供给。

2）*编制模具生产车间内部生产作业计划*

模具生产车间在接到作业计划及相关工艺、技术资料后，车间的业务组对计划、图纸及工艺资料消化分析后，车间生产计划员进行模具车间的生产作业计划编制，一般采用生产周期法，根据 M50-036C 模具的交货期为下个月 1 号，装配、试模、修理的生产周期为 4 天，这样倒推进度下来，则必须要求 M50-036C 模具的全部零部件的完工期限为本月 26 日前。

根据 M50-036C 冲模特点，重关零件为其工作件—凸模、凹模和凸凹模，重关零件加工难度大，工艺路线长，加工工作量大，生产周期长，需要用上高精设备加工。其他零部件生产周期相对较为宽松，可在车间生产班组适当穿插产出即可。据此，计划员编制模具零件生产计划，现以 M50-036C 模具工作件凸凹模为例，其生产作业计划见表 7-1。

表 7-1　模具零件作业计划

图号：M50-036C　名称：转子冲模　数量：2件　交货日期：4月1日　责任人：付主任

零件号	名称	材料	数量（件）	工序进度及责任人			
M50-036C	凸凹模	$C_{12}M_2V$	2	工序	工进定额	完工时期	责任人
				车	1.5	6日/3月	王××
				磨	0.2		李××
				钳	0.6	7日/3月	张××
				热处理	按标准	9日/3月	赵××

续表

零件号	名称	材料	数量（件）	工序进度及责任人			
				磨	0.2	9日/3月	李××
				铣	36	14日/3月	刘××
				钳	27	18日/3月	张××
				钳装 试模	32	30日/3月	张××

3）生产作业计划的实施与监控

车间专职生产调度员按模具零件作业计划，深入生产班组的机台，对作业进度进行跟踪检查，发现问题立即反馈信息，由车间相关部门配合，采取措施加以及时解决。对于重关零件，如凸凹模零件实施重点核查。其主要方法是考查生产班组的生产日报表和加工工序流动卡片。重点抓住三个节点的进度，如凸凹模零件，一是把好热处理进度；二是监督钳工的作业进度；三是抓住装配试模进度。由于模具车间投产的不止一种模具产品，对于多品种多项目的单件小批量生产，要特别重视配套产出的进度，发现薄弱环节，随时进行排产加工的调整。因此，进度安排从计划开始不能排得太满，要注意留余地，抓重点带一般，立足于交货全局，兼顾生产的均衡性和连续性及经济性。

任务小结

1．生产作业计划是指令性计划，一旦下达应立即无条件执行。若有困难应及时反馈信息，及时解决。

2．车间内部的生产作业计划是依据公司生产管理部门下达的生产作业计划和相关的图纸、工艺文件资料，车间生产作业计划书和相关的图纸、工艺文件资料、车间生产作业计划是细化到产品各零件加工工序的排产计划，常采用工艺倒推手段的生产周期法来编制。

3．车间生产调度计划部门应设专职的计划和调度人员，相互配合，各司其职，统一协调组织与指挥生产作业。

4．车间生产能力的核算和期量标准是车间指挥生产的基础参数，是长期积累统计的结果，但随着设备的更新和相关资料、新技术、新工艺的采用，基础参数应及时做出相应调整。

5．模具的配套产出和高产值产品及临时急件生产作业是涉及模具生产的全局性因素，必须突出重点全力以赴保证完成。

知识链接

1．生产作业计划是吗编制的保障条件，是产品的各项生产技术准备工作的质量。其重点根据为产品设计图样开展的工艺设计方案和工艺文件的编制。合理的加工工艺路线，准确的原材料消耗定额和制作工时定额，正确的产品外购、外协、标准件配套表及毛坯与物资供应采购计划，为编制生产作业计划奠定了可靠扎实的基础。

2．生产计划对调度人员的素质有一定的要求，它是生产作业计划编制与执行、监控的根本保证。他们不是单纯从学校里培养出来的，而是在生产中逐步锻炼出来的。具有丰富的实际操作经验和生产组织能力的技术工人和技师往往是其最好的人选。

3. 企业数字化信息化技术成果采用推广，生产作业计划编制的适用软件应运而生，其编制工作将会更快捷，监控更动态化，这是时代的潮流，现代化管理的要求。

思考题与练习

1. 什么是生产作业计划？其功能何在？
2. 模具生产作业计划常用什么方法编制？其依据和大体步骤如何？
3. 模具零件生产作业计划在编制时，应把握哪些要点？
4. 你认为生产计划员、调度员应具备什么样的条件才能胜任？

任务二 网络节点法

任务描述

模具生产的性质决定了模具生产车间的工艺特点为单件批量，主要工作零件工艺路线长和生产周期长，整体产量低而生产附加值高，生产资源的配置是设备品种齐全而同类规格型号设备数量少，机群式布置，模具必须要求成套使用。模具车间面对多品种单件小量生产，如何及时地对各产品产出进度进行监控，即如何进行科学计划管理，网络计划技术便是较先进的适用方法。

任务分析

从生产作业计划的编制依据可知，生产作业计划是一项小的系统工程，工艺技术是一条贯穿生产全过程的主线，而多品种多项目的单件模具同时投入与产出的优化方案，即整个车间的生产作业计划综合进度的安排控制，若用传统的运筹学方法进行人工作业，工作量大而且因为复杂易出差错，费时费力，调整比较麻烦。若采用网络技术——网络图来表达生产作业计划，则科学、快捷直观，由于模具生产工艺协作关系多，生产组织复杂运用网络计划技术就越显示出优越性。

学习目标

1. 熟悉网络计划技术的工作原理。
2. 掌握网络图的编制方法。
3. 初步学会网络图的运用。

任务完成

1. 网络计划技术的工作原理

网络计划技术是一种借助网络图形式来表达一项工程或生产项目的计划安排，并利用系统论的科学方法来组织、协调及控制工程或生产进度和成本，以确保达到预定目标的一种科学管理技术。其工作原理是利用网络图来表示计划任务的进度安排，反映其中各项作业（工序）之间的相互关系；以此为基础进行网络分析，计算网络时间，确定关键路线和关键工序；并利用时间差，不断改进网络计划，以求得工程、资源和成本的优化方案。

2. 网络图

1）网络图是网络计划技术的基础，一般由作业、事项和线路三部分组成

① 作业——活动或工序，是指在工程项目中需要耗费资源并在一定时间内完成的独立作业项目，在网络图中用一条实箭线“→”来表示。箭头表示作业的开始，箭尾表示作业的结束。箭线上面标出作业名称或符号，下面标明作业完成所需的时间。作业内容可多可少，范围可大可小。

② 事项——标为节点或时点，是箭线之间的交接点、用圆圈“○”表示，并编上号码。它是指一项作业开始或结束的瞬间，网络图中的事项由一个始点事项和若干个中间事项组成。中间事项的时间状态既表示前面作业的结束，又代表后续事项的开始。

③ 线路——从网络始点事项到达网络终点事项的任何一条连续的线路。每条线路上各作业时间的总和，即为该线路的总作业时间。每条线路所需时间长短不一，而其中持续时间最长的线路称为关键线路。整个计划任务所需时间取决于关键线路所需时间。需要提醒的是一个大型网络图，有时可能有多条关键线路。

④ 虚拟作业——在网络图中，有时要设置一些“虚拟作业”，它既不消耗资源，又不占用作业时间，仅仅是为了准确地表示作业时间的逻辑关系，一般用虚拟箭线“---→”来表示。

2）网络图绘制规则

网络图绘制应遵循以下基本规则。

① 有向性，无回路——即各项活动（作业）顺序排列，从左到右，不能反向，不允许出现循环线路，如图 7-1 所示。

①—A→②—B→③—C→④—E→⑤

（a）错误线路

①—A→②—B→③—C→④—D→⑤

（b）正确线路

图 7-1　网络图绘制规则示意图（一）

② 节点（事项）编号规定从小到大，自左向右，不许重复。网络图中的节点统一编号，一般采用非连续编号，即空几个号跳着编，适当留有余地，以便当节点有增减变化时，可局部调整，以免打乱全局号、重复返工。

③ 两点一线——规定相邻两节点之间只允许画一条箭线。若两相邻节点间有几个平行作业内容，则必须引入虚拟箭线（虚拟作业设置），如图 7-2 所示。

（a）错误线路　（b）正确线路

图 7-2　网络图绘制规则示意图（二）

④ 规定箭线首尾都必须有节点，不能从一条箭线中间引出另一条箭线来如图 7-3 所示。

图 7-3 网络图绘制规则示意图（三）

⑤ 源汇合一——每个网络图中只允许有一个始点事项和一个终点事项，不允许出现没有先行作业或后续作业的中间事项。如图 7-4 所示，其中，图 7-4（a）和图 7-4（b）的画法是错误的，应分别改为图 7-4（c）及图 7-4（d）。

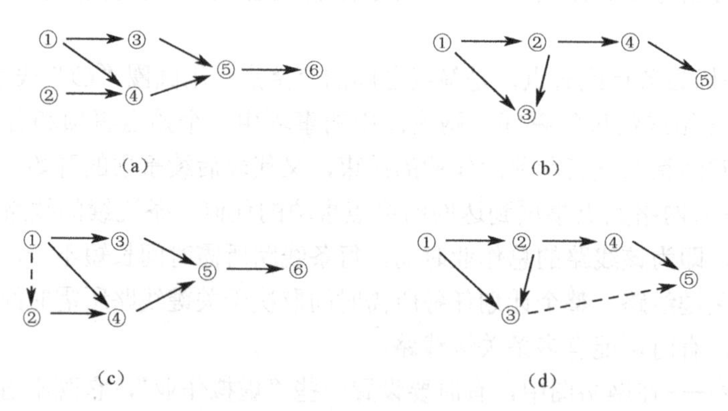

图 7-4 网络图绘制规则示意图（四）

⑥ 工序之间必须表示出明确的逻辑关系，即各条箭线之间衔接关系应理解为只能在指向同一个编号的某一事项的各条箭线表达的工作全部完成后，从事该事项引出的箭线才能开始，如图 7-5 所示，只有在 A 工序完成后，C 工序才能开始；只有在 B 工序完成后，D 和 E 工序方能开始；同理，只有在完成 C、D、E、F 三道工序后，G 工序才能开始。

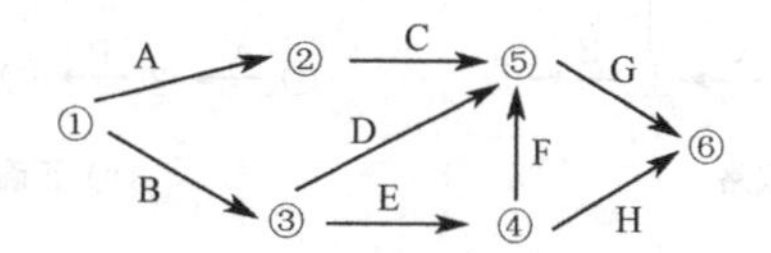

图 7-5 网络图绘制规则示意图（五）

3）网络时间参数的计算

① 作业时间的确定。作业时间就是在一定的生产技术条件下，完成一项活动或一道工序所需要的时间，它是按标准操作方法制定出来的，直接关系到项目工期（生产周期）的长短，是安排生产作业进度的依据，时间单位一般采用日或周。

对于模具生产而言，作业时间是由工艺规程和图样决定的，是由车间定额负责人根据图纸工艺规程和相关的操作标准，结合自己的经验估定的。在工程上常采用工时定额来确定。

② 节点时间的确定。重点是抓住节点的最早开始时间和最迟结束时间，分别在网络图上标出记号“□”与“△”。

③ 作业时差的计算。作业时差——在不影响整个任务完工时间条件下，某项作业或工

序在执行中可推迟的最大延迟时间，作业时差一般分为单时差和总时差两种。

作业的单时差是指在不影响下道工序最早开始条件下，完成该工序所宽裕的时间，它只能在本作业中利用，而不能转让给其他作业利用。

作业的总时差是指在不影响下道工序最迟开始条件下，完成该作业所宽裕的时间。总时差是作业时差中机动时间最长的一种时差。其计算公式如下：

$$S_{总(ij)}=T_{LS(ij)}-T_{ES(ij)}=T_{LF(ij)}-T_{EF(ij)}$$

式中 $S_{总(ij)}$——作业 $I\sim j$ 的总时差；

$T_{LS(ij)}$——作业 $I\sim j$ 的最迟开始时间；

$T_{ES(ij)}$——作业 $I\sim j$ 的最早开始时间；

$T_{LF(ij)}$——作业 $I\sim j$ 的最迟完成时间；

$T_{EF(ij)}$——作业 $I\sim j$ 的最早完成时间。

④ 关键线路的确定。作业总时差计算的目的是确定关键作业和关键路线。总时差为零的作业（零件加工）称为关键作业，将关键作业连起来就构成某一项任务（模具产品）的关键路线，它应是网络图上时间最长的路线。这是管理者要抓的重点工作。

任务小结

1．网络计划技术是管理科学中的一项成熟计划。特别适用于大型复杂的系统工程项目和多品种单件小批生产的计划管理。网络节点法常用于模具生产计划管理。

2．网络节点法的基础仍然是模具产品的图纸、工艺和各种定额、配套目录等信息资源。

3．采用网络节点法要严格遵守网络图绘制的六条规则，其时间参数计算的目的在于找出关键线路和关键件。

4．网络图在实施中应根据降耗增效的原则，按实际生产过程的状况进行及时修改调整优化。

知识链接

关于网络计划技术目前还在不断发展，读者要想了解更多信息，习找企业管理方面资料进一步参考学习。

思考题与练习

1. 什么是网络计划技术？它有什么用途？

2. 如何绘制网络图？

3. 为什么要抓节点？什么是关键线路？

4. 为何要在网络中找出关键线路？

模块八　模具质量管理方法实例

如何学习

模具质量事关企业的存亡，质量管理必须加强，现再举一例加以指导，质量管理是一门科学，企业的每位员工人人有责，特在本篇中再进行一次介绍。

模具质量管理的学习，应灵活运用质量管理的基本知识，以 PDCA 循环为解决质量问题的基本程序，通过发现问题的系统剖析，找出产生问题的主要原因，然后从专业技术上采取对策措施，并组织实施，从实施前后的相关主要数据中评估效果，肯定成果并找出缺点，以利于下个 PDCA 循环再继续进行，进而达到预期要求。

实例描述

本教材模块十二中所举贮油杯盖塑料注射模在制造中，企业发现在试模 ABS 塑料件有飞边毛刺，塑料制品公司经分析认定为模具质量问题，要求生产企业立即召回返修。对此注射模承制企业十分重视，展开了模具质量整顿活动，并组织了 QC 小组活动加以解决，其活动过程简述如下。

1．组织 QC 小组

以技术主管人员和车间生产班组长及操作工人等人员为主组成 QC 小组，并申报备案。表 8-1 为 QC 小组登记表，表 8-2 为 QC 小组课题登记表。

2．QC 小组开展首次活动

表 8-1　QC 小组登记表

<table>
<tr><td colspan="2">分厂（处）</td><td colspan="2" rowspan="3">QC 小组登记表</td><td>登记号：</td></tr>
<tr><td colspan="2">车间（室）</td><td>成立日期：　年　月　日</td></tr>
<tr><td colspan="2">班组</td><td>登记日期：　年　月　日</td></tr>
<tr><td>QC 小组类别</td><td colspan="2">QC 小组名称</td><td>组长</td><td>姓名：
性别：
职别：
年龄：</td></tr>
<tr><td colspan="5">QC 小组目标：</td></tr>
</table>

续表

分厂（处）	QC小组登记表	登记号：
车间（室）		成立日期： 年 月 日
班组		登记日期： 年 月 日

序号	姓名	性别	年龄	文化程度	职别	序号	姓名	性别	年龄	文化程度	职别

活动成果记录（发表、表彰）		小组变动、注销记录：			
年月日					
年月日					
年月日					
年月日					
年月日		班长	质管员	技术组长	单位领导
年月日					
年月日					

表 8-2 QC 小组课题登记表

分厂（处）	QC小组课题登记表	小组登记号：
车间（室）		课题登记日期
班组		年 月 日

QC小组名称	成员					
组长名：						

课题名称	计划完成期限	
质量现状（用数据图表示）	目标：	完成期限

本课题需兄弟部门协助				小组变动、注销记录：			
要求协助部门	姓名	性别	工种				
兄弟部门领导意见		本部门领导意见					
				班长	质管员	技术组长	单位领导

注：此表一式三份，经审批后报质保部登记注册，所在单位、小组自存。

1）现状调查

本季度产出的10套注射模在交货后返修的有7套。调查情况见表8-3。

表8-3 注射模返修问题调查表

注射模产出数量（套）	塑件飞边毛刺	浇注系统不光滑	模板开裂	其他
10	5	1	1	1

显然根据ABC管理法工具，A项占问题的50%，其他项各占约17%，则塑件飞边毛刺是模具首先要解决的质量课题。

2）原因分析

QC小组在调查研究的基础上召开专题研讨会，系统分析塑件产生飞边的各种可能原因，采用因果分析图工具进行分析，其结果如图8-1所示。

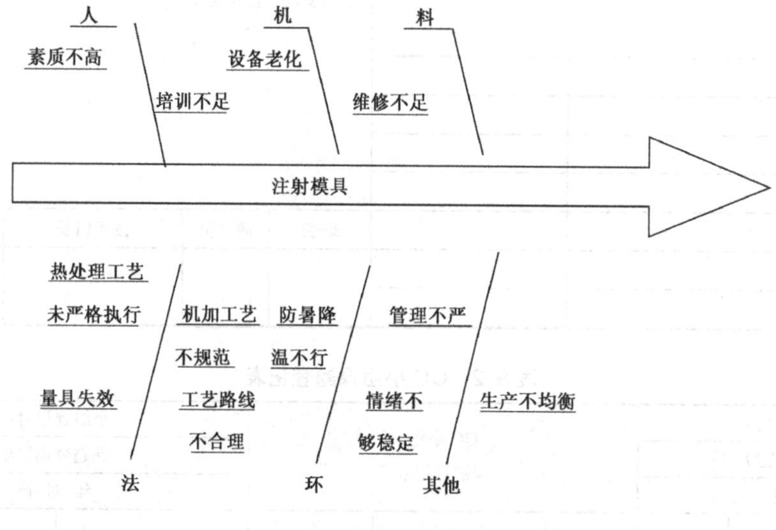

图8-1 因果分析图

3）原因调查

根据因果分析图列出六个方面的因素，QC小组决定实行定人定任务分头开展调查，每人编制调查表并经数据说话，逐项排除各次要因素（各项调查表略），最后确认的主要影响因素有两个，即机加工艺不规范和设备维修不足，将它们作为主要课题开展下一步分析调研。

机加工艺不规范，主要表现在模块板件的平行度与垂直度的检测控制不严，检测的量具百分表和平板构成的检测环境不清洁，百分表磨损并已超过鉴定有效期，导致检测结果失误产生误判。加工平面的磨床因年久失修导致微量进给机构因长期磨损而不准确。

3. QC小组第二次活动

针对上面调研排查确定的两个主要影响因素，QC小组通过分析研究决定采取以下对策，并确定到人负责跟踪实施考查。

措施1：责令加强生产班组的质量意识教育。

措施2：责令生产班组搞好安全文明生产的环境卫生工作。

措施3：加强新工人的平行度、垂直度检测规范性操作技能培训。

措施4：责令生产车间组织力量抢修平面磨床，使之达到规定的技术要求。

措施5：在平面磨床限期未完成前，模具装配钳工应将外委平面加工的模板加强技术要求的检查，并通过钳修达到合格。

4．限期整改，付诸实施，责任到人

QC 小组成员根据此决定，各整改项目实施负责人根据整改要求，分头实施限期完成，并采用直方图、排列图等质量管理工具，用数据说话写出书面调查报告，经过一个季度的考核，未发现产出的注射模再次发生塑制品返修问题。

5．QC 小组第三次活动

各整改项目实施责任人向 QC 小组汇报实施整改效果，评估成果，找出本次 PDCA 循环存在的遗留问题，指定专人整理 QC 小组活动的数据资料。

6．向质控部门发表 QC 成果报告

7．将 QC 成果中采取的有效措施纳入各项管理制度

实例小结

1．单件小量生产性质的模具生产质量问题，同理可用 TQM 质量管理方法加以处理解决。

2．调查表、排列图、ABC 管理法、因果图是模具质量管理的常用工具。

3．PDCA 循环是模具质量管理的基本程序。

4．系统分析、调研排查主要因素是解决质量问题的首要前提，一定要下工夫做好。

5．以 QC 小组活动开展质量管理的攻关活动，是集思广益分工协作的临时团队，是质量管理的卓有成效的组织形式，条件是企业管理者必须授权并具有一定的执行权威。

6．QC 小组活动不断开展并取得良好成果是企业质量管理不断向前推进的活动所在。

表 8-4 为纠正和预防措施卡，供 QC 小组活动中采用，此为某企业的质量标准文件之一，供参考。

思考题与练习

模具质量管理工作应如何开展?

表 8-4　纠正和预防措施卡

编号：

<table>
<tr><th>责任部门</th><th>工模具公司一车间</th><th>发出单位</th><th>质量保证部</th></tr>
<tr><td colspan="2">信息来源或依据</td><td colspan="2">发出时间</td></tr>
<tr><td colspan="4">不合格情况
要求采取：纠正 □，纠正措施□，预防□，预防措施□
编制：　　　　效核：　　　　批准：</td></tr>
<tr><td colspan="4">原因分析</td></tr>
<tr><td colspan="2" rowspan="2">纠正措施</td><td>责任者</td><td>完成时间</td></tr>
<tr><td></td><td></td></tr>
<tr><td colspan="4">编制：　　　　校核：　　　　批准：</td></tr>
<tr><td colspan="4">验证结论
□有效　□无效　　新纠正措施卡编号：
验证人：　　　　　　年　　月　　日</td></tr>
<tr><td>备注</td><td colspan="3"></td></tr>
</table>

模块九　模具的报价操作

如何学习

模具的报价既要根据其生产成本而定，又要考虑生产经营管理的费用，还要观察模具市场行情随行而估报，所以，要综合市场情况与生产经营实际状况进行模具价格的市场报价。不言而喻，要灵活运用成本与营销管理的知识，才能实现模具市场的报价，使企业至少不亏损，最可观的结果是企业获得市场允许的最大利润。

学习目的

1．了解模具市场报价的全过程。

2．熟悉市场报价的操作。

任务一　模具估报价的常用方法

任务描述

企业生产是企业活动的主体，是生命力的所在。生产成本的核算对于多品种单件生产性质的模具企业而言，不可能十分精确，因为整个企业的生产经营活动运转，不是靠个别人或个别部门所能推动奏效的，而是组成企业的整个系统（各职能部门、生产车间、全体员工）相互协调作用，各子系统同时协作有序地配合的结果。从成本角度看，直接生产模具的生产成本部分比较好计算，而间接为生产服务为经营服务的生产成本部分不好计算，因为它是依据模具产品逐个分摊的。若生产成本精确到每个员工的劳动量，则核算操作复杂，工作量十分大，那么模具产品的出厂价应如何估算呢？

任务分析

模具产品的出厂价格≠产品的生产成本

模具产品的出厂价格=模具产品的直接成本+经营管理费+税收+利润

现在要面对模具市场报价推销，其原则是必保本多赢利。为此模具产品报价必须有三种价格：一是最低价；二是保本价；三是赢利价。其中保本价是最基本的基本价，即出厂价；最低价与赢利价是随市场行情变动的模具产品报价。本任务重点是基本价的报价。

学习目标

1. 了解模具出厂价的构成。
2. 熟悉模具产品价格估算的常用方法。

任务完成

从前面分析可知模具产品出厂价的构成。其中直接生产成本是可变的，它随模具产品的不同而变动。后面的管理费与税收、利润等一般是固定的、很少变动的。这可以从企业长期动作积累的经营数据中，用统计方法测算出来。因此，直接生产成本的估算是模具产品的生产经营者要解决的重点课题。其常用的直接生产成本的估算方法有三种。

1. 传统估算法

传统估算法即本书模块五中所介绍的方法，传统估算成本的方法如下：

以生产工艺为基础，按类比法估算工时定额，按工艺计算法核定材料消耗定额，依市场单价进行材料成本的核算；按企业的生产平均小时费用率进行制作工时费用的计算，再加上管理费分摊比例和税费，合成即可。这种方法简单可靠，通过手工劳动完成，但工作量大，费时费工效率低。当前已是 21 世纪，信息化技术被广泛采用。信息化、数字化条件下，模具报价应如何开展？下面将进行重点介绍。

2. 模具制造业信息化估报价系统

根据深圳大学伍晓宇教授的研究，针对模具制造信息化工程中的估报价问题，提出了完整的解决方案。该方案包括完整的运行流程和四种估报价计算方法，并在此基础上构建了适用于模具行业的估报价系统。

1）引言

估报价是模具制造企业工作的重要环节，估价过低企业无法获利，估价过高则难以在激烈的市场竞争中取得生产订单，因此，科学而准确地进行成本分析和报价对模具制造企业十分重要。目前开发的 E-proms 模具网络协同制造系统，特别针对以模具制造业为代表的非量产模式下的制造业信息化工程中的各种问题进行了研发，并从 2001 年起在某企业模具中心下属的四个模具工厂进行使用，有效地融合了 ERP/SFC/PDM 等企业信息化内容，现分析其报价子系统。

2）模具估报价标准流程

制造业信息化的首要工作之一就是确定业务工作流程，图 9-1 是针对某企业订的估报价标准流程。

图 9-1 中的第 1 项工作是建立业务专案（业务订单），由模具中心业务部门的业务专员完成，在该公司，专案一般由一批注射模和冲模制品组成。图 9-2 所示为一份计算机显示模具订单，图中上半部分为专案信息，包括专案名称、行业类型和产品类型、客户名称等，其

中行业类型与产品类型十分重要，每次估报价资料都要由系统记录在案，并按行业类型和产品类型进行分类，日积月累就会逐渐形成非常有价值的资料和经验积累。图 9-2 下半部分为专案所属的模具制品信息，包括产品（模具）名称、由客户提供的成品零件编号及成品图片、制品类型（注射模、冲模等）数量等，还需要指定模具估价人（通常为模具中心下属工厂负责人）和模具规格书制定人。

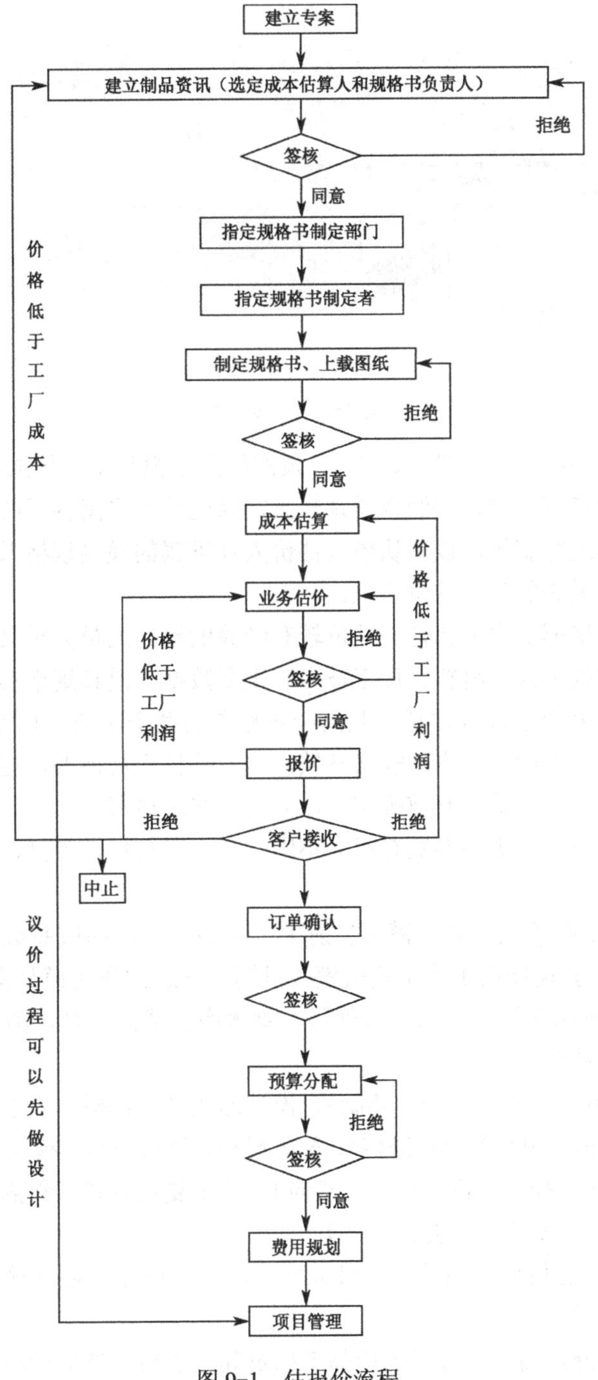

图 9-1 估报价流程

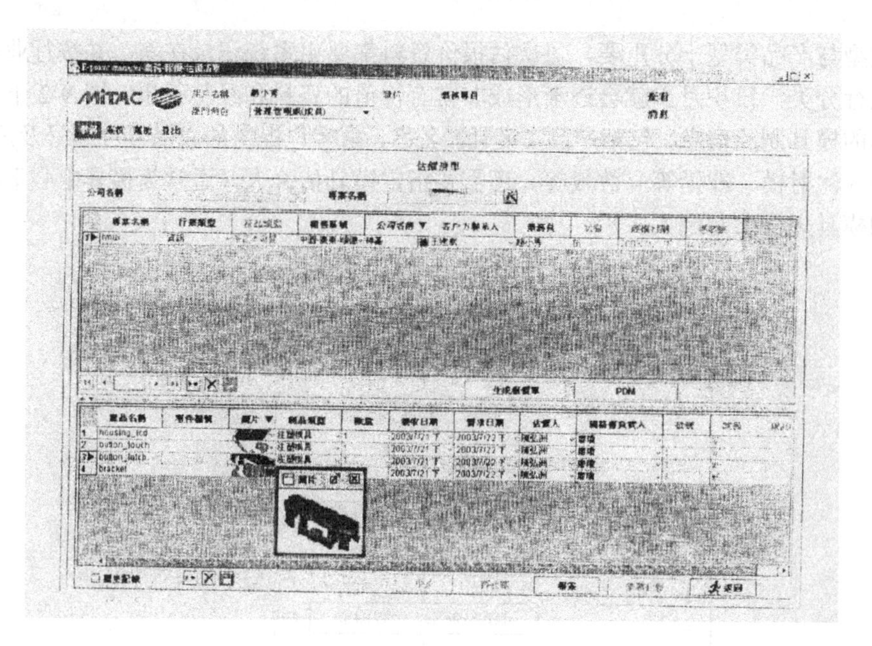

图 9-2　模具订单

由于该公司模具中心由塑料模一、二、三及冲模四个模具工厂组成，属于大型模具企业，而不同模具开发的难易度不同，利润也差别较大，因此为了平衡各厂的利益，在业务专案建立后需要由业务经理进行签核，以确认模具估价人及下属的模具规格书负责人，因为该估价人通常是将来开发该模具的工厂的负责人。

接下来由模具规格书负责人指定一两位较有经验的设计人员为模具规格书制定人。模具规格书要确定模具结构形式、材料、加工技术等重要数据。模具规格书的制定通常分为目标规格书和最终规格书两个阶段（注意：是同一规格书的两个阶段，而不是两份规格书）。在向客户报价的阶段只需要确定基本的规格参数，这就是日标规格书，在获得客户订单后，其余的规格参数在模具设计正式展开前确定，以完成最终规格书。

塑料模规格参数与冲模规格参数有很大不同，这里以塑料模为例，其主要的规格参数如下所述。

① 基本信息。模腔数、寿命（模具注射生产时最大量产的成品数，以万件为单位）制模天数或 T1（指客户去现场第 1 次正式试模的日期，它通常作为模具交货期的主要指标）。

② 成品信息。成品材料、成品材料牌号、缩水率、成品重量、流道重量、表面处理方式（喷漆、咬花、电镀等）。

③ 模具信息。单位制式（公制、英制）、模具形式（二板模、三板模、二板半模是否采用热流道、是否采用标准模架）、型芯材料、型腔材料、滑块材料、模座材料、模板尺寸（长、宽、高）、顶出方式（推杆、中板、母板、双向）、顶出复位方式（斜撬、弹簧、油缸、斜顶等）、抽芯方式（弹簧、复位杆、复位接头）。

④ 成型信息。注射机型号及吨位、最大壁厚、最小壁厚、格林栓尺寸、取出方式（手取、自动顶出、机械手）。

除上述规格参数外，需要另外附加成品图档及其他资料，然后经由模具规格书负责人确认后，进行签核。

工厂负责人根据已确认的模具规格参数和成品图档进行成本估算，如图 9-3 所示，估报价总费用=材料费用+加工费用+营销费用+利润。需要指出的是，成本估算仅涉及模具成本的实际分析，其资料不对外公开，成本估算是估报价部分的最重要工作。

接下来，模具业务专员在工厂成本分析的基础上，加入利润，即完成业务估价工作，一部分利润可写入利润项中，同时也可以将另一部分利润隐藏在估报价材料费用中，特别是在加工费用的明细项中。业务估价需由业务专员直接主管，即业务经理和模具中心总经理二级签核确认，并知会模具中心的下属工厂负责人。

业务专员将已经签核过的估报价资料，通过系统导出 Excel 格式报价单，然后通过 E-mail 或 FAX 方式传给客户，报价单首页为专案总报价，第 2 页开始为各模具制品价格及其明细项信息，每个页面都与图 9-3 相似，但只列出业务估价信息，而不列出内部的实际成本分析信息。

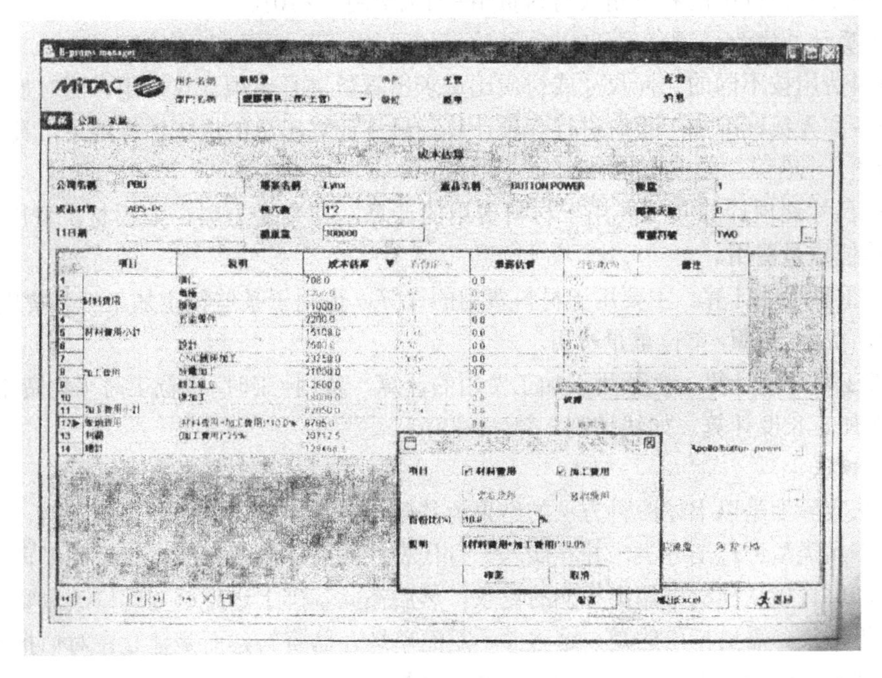

图 9-3　估报价表

业务专员根据报价单与客户进行议价，其结果有如下几种情况。

① 报价单被接受，随后可建立生产订单。

② 客户议价高于成本估价低于业务估价，这时业务专员有权决定是否调整业务估价，并且在业务经理和模具中心总经理签核确认后，再次向客户报价。

③ 客户议价低于成本估价，这时业务专员有权决定是否中止报价，也可根据情况考虑由工厂重新进行成本分析，如调整模具使用材料和加工方法，通过降低成本来满足客户的要求。

订单确认时，系统将记录有关模具开发生产合同或通知单出处，并由业务经理和模具中心总经理进行签核确认。

3．估价方法

在上述估报价过程中，成本估算是系统的核心功能之一，在考察多家模具制造企业之后，总结了以下四种方法。

1）直接输入法

将模具费用分为材料费用、加工费用（含设计费用）、管销费用三种，分别按经验直接进行估算。其中，材料费用和加工费用又可进一步按物料类型和工种分解成不同的明细项。

① 材料费用通常包括模架、模板、滑块和五金零件等物料明细项的费用。

② 加工费用通常包括设计、CNC 铣削加工、线切割、电火花、机加工、钳工、热处理、表面处理和试模等工种费用。

另外，管销费是指非直接生产费用，如管理费用、水电费用和营销费用等，通常采用在材料费用和加工费用的基础上按一定的比例提取的办法进行计算，例如，取上述费用的 10%，如图 9-3 所示对话框中的右下角（材料费用+加工费用）×10%。

2）逐项计算法

对材料费用按不同的几何尺寸或材质比重求出重量进行逐项计算费用，而对加工费用则通常按设备和人员标准加工工时进行逐项计算，最终计算出总的成本估算结果，具体计算方法如下所述。

① 按尺寸逐项计算。主要用于材料费用的计算，特别是方料，如板材，费用=长×宽×高×比重单位重量费用。

② 按重量逐项计算。主要用于材料费用的计算，也用于某些特定加工工艺费用的计算，如热处理，费用=重量×单位重量费用。

③ 按工时逐项计算。主要用于加工费用的计算，费用=工时×单位工时平均费用。

④ 按加工长度计算。如线切割。

3）样板法

该方法实际上是以上述两种方法的结果为基础，对于一些典型的估报价资料，按照行业类型及其产品类型进行细分类，并存储若干有代表性的成本分析记录，以后如果再次分析相似的产品，可直接从样板中调出相应的记录，然后在此基础上进行必要的修改调整，得到新的成本分析结果。需要指出的是，这里并不是简单地存储资料，而是建立在对估报价样板资料进行详细分类的基础上的，示例企业的产品分类如下。

通信类：固定电话、手机。

资讯类：笔记本电脑、台式电脑、服务器、工作站、掌上电脑（PDA）、激光打印机。

电子类：电视机、数码相机、摄像机、投影机。

汽车类。

一般情况下，不同行业类别的模具估报价资料不具有可比性，而同一类产品模具的估报价不会有太大的差别，具有可比性。如果每种产品经过长期工作积累有足够的样板资料，对于快速完成新模具的估报价具有重要的意义。

4）经验公式法

经验公式法实质上是样板法的进一步发展，并不是真正使用固定的公式进行计算。经验公式法仅用于规律性很强的产品，如数码相机、掌上电脑模具等，这些模具的估报价很有规律，可以直接估出模具总价格，而样板资料记录的材料、加工等各项明细所占费用比例（经验公式，见图 9-3 表格内百分比栏目），即先直接给出总价，然后通过样板资料将其分解成各明细费用，对于报价单，客户不但需要了解模具价格，也需要知道其费用详细的明细项信息，以便判断估报价的合理性。

总之，直接输入法和逐项计算法是另外两种分析方法的基础，四种分析方法也可以互相配合使用，只有当直接输入法和逐项计算法的经验数据积累到一定程度时，才有可能实施后面两种成本分析方法，而后面两种方法，也往往需要用直接输入法进行小范围的修改和调整。

任务小结

1．模具成本的传统估算法虽工作量大，以人工手动操作为主，但估算可靠简便。其被产业信息化、数字化程度不高的模具企业广泛采用。

2．信息化估报价系统是模具企业现代化管理的方向，它的基础是传统估算法的数据和方法，它的条件是企业实施 ERP 支撑系统的管理模式和专业的 SFC 和 PDM 软件。

3．信息化估报价系统已在模具企业中实践并应用，并在使用中不断完善发展，并成为未来模具估报价的主要趋势。

知识链接

ERP

思考题与练习

1. 模具估报价的基本方法是什么？其主要内容是什么？
2. 信息化估报价系统有哪些估报价方法？如何应用？

任务二 模具估报价的操作

任务描述

模具产品的估报价是企业管理的重要环节，它直接涉及企业的经营目标的实现。模具估报价是通过什么途径，如何产生的？本任务将对此问题进行具体探讨。

任务分析

模具产品的估报价应由三大要素构成：一是模具生产的直接成本；二是其间接成本；三是税收。其中，模具生产直接成本与间接成本，再加上税收构成了模具产品出厂的基本价，即保本价；往上浮动的是赢利价，为基本价加利润；往下浮动的是亏损最低价，为基本价减去间接成本（部分或全部），显然基本价的估报是模具产品经营的常规底线，是对市场估报价的基础，基本价的估报一般受模具市场营销的影响，是企业维持生产扩大再生产所必须的价位。其如何报价是需要重点掌握的，而赢利价和亏损价则是由模具市场营销行情和企业的营销策略决定的，这部分内容属于营销策略范畴，不是本任务的重点。本任务的重点是如何估算出模具的出厂基本价。

学习目标

掌握传统方法的模具估报价操作技能。

任务完成

1. 模具估报价系统的操作设置

由于模具估报价系统由两个子系统组成，一个是企业生产管理子系统提供的模具产品出厂基本价；另一个是企业市场营销子系统建议实施的上、下浮动营销价。它们均属于企业的管理系统，这就需要设置专职岗位的人员来操作。一般生产管理子系统的基本价估报由专门的工时定额员负责完成，此定额管理员必须具备模具工艺的专业知识和丰富的机床操作实践经验，其操作要经过培训。中小企业常由车间技术人员担任或兼任，营销价由模具企业的营销管理部门的专职人员负责制定，经企业管理高层负责人批准后由销售人员实施。小企业可能两者合一，只设一个专人负责，以减少开支。

2. 模具估报价的操作过程

收集信息化→整理加工资料→报价→核准

1）基本价估报

① 收集信息　收集信息的主要内容是模具总装图、自制零件图及其工艺规程、车间生产小时平均费用率、车间生产管理费用率，企业提供的原材料市场价格、现行营业税率等。

② 整理加工资料　根据工艺规程编制材料消耗与制作工时两大定额。根据平均小时费用率和原材料现行市价计算两个费用，即模具材料消耗费用和制作工时费用。根据生产管理费用率计算出此模具应分摊的管理费用，最后算出税费。将上述几项费用相加即为模具的出厂基本价。

③ 报价。填写报价单上报。

④ 核准。报价单经主管人员核准后生效实施。

2）营销价估报

① 收集信息。营销部门收集模具市场的行情，包括本企业模具产品基本价，同类产品厂家的价格，行业价格水平、销售对象的需求等信息。

② 整理加工信息。制定产品价格营销策略。

③ 提出销售价。

④ 核准。经营销主管人员核准后生效实施。

任务小结

1．模具估报价的基本操作主要是两部分，一是基本价报价操作；二是销售价的操作。两个操作侧重点不同，但出厂基本价操作是基础支撑。

2．操作应由专职人员负责，分设两个岗位，或只设一个岗位，企业可因地制宜，无标准要求。

3．操作可运用微机技术，也可手工操作。但在工业产业信息化条件下的操作，必须依靠信息技术和软件进行计算机操作，具体方法视企业需求而定。

思考题与练习

模具估报价的基本操作是什么？如何操作？

模块十　模具的使用管理

模具的使用是体现其价值和质量的最终形式，模具的使用是工艺用户最为关心的问题，因为它直接关系到制件的质量和生产成本及效率。因此，模具的使用管理是模具管理的重要环节。

如何学习

模具的正确使用是其使用管理的基础，如何用好是技能范畴，如何管好使用是管理的内容。显然要学习模具的使用管理，必须要与生产操作使用紧密结合。在操作使用前要理解其使用程序，在操作使用中要体会程序与要求，在操作使用完要认真按管理要求进行作业。

模具的使用管理

模具的使用管理是指模具使用程序、使用要求、维护保养和失效处理。其目的是保证模具的正常使用以达到工艺制品过程始终保持良好的工作状态。

模具的使用管理有三大主要任务：一是模具的入库管理；二是领用与维修；三是定置管理与失效处理。

任务一　模具的入库管理

任务描述

什么样的模具才能进入生产车间的工装库房？怎样办理入库手续？这是模具使用的“源头”，必须严格把关。

任务分析

模具投入生产系统使用是要有“准入门槛”的。一般是将试模合格的模具从制造厂家按合同交付给产品制造企业，谁来接收，接收后如何投入使用，其次接收入库后如何管理，这些都不能混乱，否则会产生当用模具生产的制品出了问题时，企业问责追究会职责不清，企业损失的赔偿责任难以落实的现象。

学习目标

掌握模具接收的程序和操作内容，把好入口关。

任务完成

1. 模具交货接受

按合同规定，承制方按试模合格及其他技术要求开具检验合格证及服务文件，工作人员对交付的模具按清单进行验货，主要是查验模具实物的真实性和与合同的符合性，不要忘记随货附带的质保文书。一般是承制方送货上门，交货地点是使用方的总库房或其生产车间的工装库房。

2. 入库

生产车间根据企业生产的总工艺，到生产管理部门办理接收手续，财务部门凭领用凭证将模具价格计入使用单位的财务成本。库房保管人员按入库要求办理入库单，并查验模具外观编号的完整性，凭质量保证文件及入库存单造册登记建立模具使用台账。

3. 入库管理

模具入库后，管理人员必须将模具放置在货架上，并且在领用前进行必要的防锈处理，要将入库模具在库房的号位记入其台账或输入计算机。

任务小结

把好模具入库时，主要是防止差错，保证使用质量。库房保管员职微任重不可轻视。

知识链接

库房必须由专职人员进行管理，应按定置管理要求和三相符的规定进行工作。

三相符：账物相符，账架相符，物架相符。

思考题与练习

1. 为什么要把好入库管理？如何把关？
2. 库房管理员的主要职责是什么？

任务二　模具的领用与维修

任务描述

模具按管理程序与要求进入生产作业车间库房后，要立即投入使用以发挥其作用，领用的模具应如何出库？如何维修？

任务分析

作业班组的操作工人要使用生产工件的该工序规定的模具时，如何去寻找并获得是模具从设计制造到投入使用的重要程序。这是该工序模具投入使用的最后一道管理的关口。若模具的领用与工艺要求不符，一则影响生产，二则可能导致模具或工件的损坏，这要在管理上采取措施，从制度上加以杜绝。

模具一旦投入使用，磨损是不可避免的，它在使用中要保持良好的功能状态，必须要求操作者进行日常的维护保养。模具的正常使用是有一定的设计使用寿命的，根据机械磨损规律，即磨合期—正常磨损期—急剧磨损期三个阶段。当模具使用进入了急剧磨损期时使用者要特别关注使用中出现的异常情况，其主要标志是观察与检测制品的形状、尺寸及公差是否超过技术要求，设备运转是否正常，一旦出现异常应立即停机进行检查，若模具磨损已接近其允许的极限，则应申请下线进行维修或报废。

学习目标

1. 掌握模具在日常使用中的维护保养技能。
2. 熟悉模具需进行的维修和管理程序。

任务完成

1. 模具的领用

生产使用者在接受生产工件的指令后，按制作该工件的工艺要求须使用规定的模具时，凭工件的工艺卡片或作业指导文件，必要时还要凭工件的零件图，到车间的工具库凭个人借用凭证办理领用手续。使用者要查验模具实物与工艺卡片标注的模具编号是否相符，模具及其附件是否完整、完好，确认后模具台账上签字即可。若模具编号与工艺文件编号不相符或不完整，状态很差，则使用者可拒绝领用，并立即向班组长反馈这一信息，力求迅速解决以免耽误生产。

2. 模具的维护保养

模具领用者，将其装机调整至试模合格后，方可正式投产使用。按模具使用的工艺要求进行操作，需加润滑剂的或配以附件的，一定要按作业指导书要求操作无误，同时需及时清理制件和清除废料，保证每次制件制作时模具均处于良好工作状态。每班作业结束时，必须对模具进行清扫整理，并将工作场地按 5S 或 7S 要求进行清理。每日开始工作时，一般要检查设备与模具的技术状态是否良好、完整，螺、销钉等紧固件有无松动。待空转运行确认正常后，开始投料生产，并进行首检程序。

使用中，一旦发现机、模的异常情况，应立即停机检查，若发现是模具松动或工作部件相对移位等，应立即进行调试纠正。若发现工作部件有严重磨损缺裂或模座开裂现象时，则应立即停止使用，同时申请办理“不合格品”处理程序。

模具使用者的班组长将模具“不合格品”信息报告至车间技术人员，车间有关负责人与技术人员赴使用现场调查，若认定本车间无法进行维修时，应立即邀请质检部门的主管人员进行会商，经研判有下列几种情况。

① 模具易损件（销钉、螺钉、工作部件）磨损严重，需进行更换和维修，在不合格品处理卡片上会签后交由生产部门安排作业或外委制模单位进行维修。

② 模具破损严重，无修理价值，则在不合格品处理片上确认模具失效的意见会签，经主管领导批准报废处理。

③ 模具失效分析后，会审小组认为是模具制造质量缺陷所致的，则交企业主管部门与制模生产厂商交涉，提出索赔或退货要求。

3．若本批制品生产任务已完成，则模具的库存保养应按下列两种情况进行处理

① 若该制品所使用的模具，将再投入使用的时间间隔不长（一般不超过十天或半个月），则应将下线的模具清理干净并涂上防锈油，按现场管理要求放到指定的班组生产场地工位器具架上，待下次使用时取出上线装机。

② 若该制品所使用的模具，下次再使用要隔一个月以上的时间，则应将下线的模具清理干净并涂上防锈油，交还车间工具库房，办理退库手续。

任务小结

1．模具的使用一定要按工艺要求进行操作。

2．模具上线装机投入使用，务必要进行调试试模，待其产出首件制品合格后，方可投入正常使用。

3．模具的使用务必要按安全操作规程进行使用，一旦发现安全隐患，应立即停机并进行全面安全检查，待查出故障，排除安全隐患后，再投入使用。

4．模具的使用者应负责模具上线装机的调试工作和实施日常使用保养及设备的维护保养，其他维护工作属于车间专职维修人员职责。

5．模具使用中出现的维修内容若超出生产车间的业务范围，则按“不合格品处理卡片”程序进行处理。

知识链接

1．工位器具

工位器具——生产作业场地的工序工位操作点，用于放置操作者使用的刀具、夹具、模具及坯件和合格工件的器皿或移动架车等。

生产现场要求所有进入生产车间的坯件与工艺装备和产出的产品必须按定置管理规定放置于指定区域，并要求不允许落到工房地面上，这是避免工、夹、模具及产品磕碰划伤、防湿、防失误，从而保证产品加工质量的管理措施。因一次性投入资金量大，可统筹规划分步实施分段到位。

2．定置管理

定置管理——企业的生产车间、物流库房、办公室因地制宜按统一要求，将室内所有设备、设施及物品按各自规定的区域固定位置进行摆放的一种现场管理方法。

其特点有以下几个方面

① 设备、通道、地面、区域界线、工位器具、电器等均着以不同颜色，创造一个色彩柔和与舒适的工作环境。

② 企业因地制宜统一规定各物、标牌、地面线条的色泽和宽度，显示其规范性和协调性。

③ 车间、库房、办公室及其他建筑物内的物品摆放整齐划一，进门张帖的定置图更要一目了然。

附某企业定置图制作暂行标准，以及定置管理现场实施注意事项。

定制图制作暂行标准

（1）板面模型：

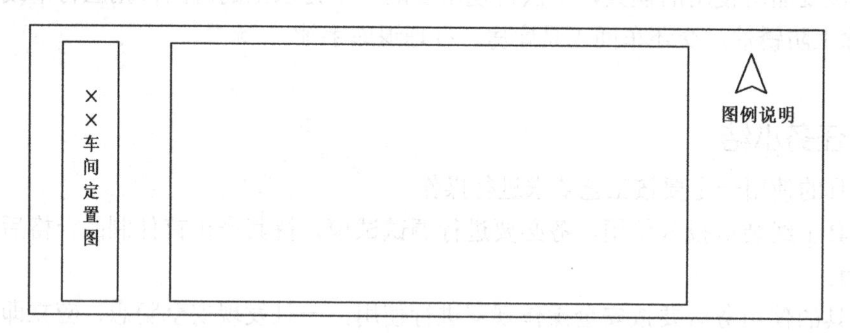

说明：

① 板面规格：1200×2200、2400×1200

② 材料：版图用五合板；字、图用不干胶剪贴。

③ 颜色：a．底板为白色；

b．车间平面为淡黄色；

c．××车间定置图字体为红色；

d．图例说明字体为黑色。

（2）通道制线宽度：实体线 5mm；颜色为黑色；图例══用通道表示。

（3）设备图形：（M1∶2）20×35 或 25×45 作为参考尺寸。

设备图形颜色：深蓝色。

（4）工具柜颜色：绿色（工具柜数量与现场一致）。

（5）产品架颜色：淡蓝色。

（6）区域画框规定：

① 线宽 3mm；

② 颜色为棕色或黑色；

③ 区域框内填写区域名。

④ 图中区域大小，可按实际尺寸比例画出。

（7）消防栓、配电房颜色为红色图形。

（8）定置图中必须包含六要素：

① 设备定置；

② 区域定置；

③ 安全通道；

④ 工具柜定置；

⑤ 工位器具定置；

⑥ 运转工具存放点定置。

（前两项是固定的物，后三项是可移动的）。

（9）坐标方向箭头 红色（高∶宽=3∶2）

（10）电源总开关（红色）。

（11）消防栓（红色）ϕ12。

（12）行车。

思考题与练习

1. 模具使用管理的三大环节是什么？为什么？
2. 模具如何领用及日常使用维护？
3. 模具的报废应如何办理？
4. 模具的使用与保管为何要求实施定置管理？

模块十一　实　例

企业是社会的一个基本经济实体，其主要功能是不断开展生产活动，为社会创造财富。模具企业的模具生产是其经济活动的主体形式，投入与产出、生产与销售形成企业与社会的循环链条。如何充分利用企业与社会的有效资源，使企业步入良性循环的发展轨道，管理科学功不可没，前面学习的模具生产、技术、经营方面的基本知识，要针对模具企业的生产条件和市场环境，加以灵活运用，使企业在激烈的市场竞争中不断壮大自己的核心竞争力，取得良好的经济效益，模具企业的每位员工应责无旁贷，高度关注。为此，企业员工要不断学习，不断进行实际培训。

生产企业的系列生产经营活动中，最主要的是三大管理环节，即生产计划的组织管理、生产安全管理和产品质量的管理。至于采购供应的物资管理、人力资源管理和营销管理，则在企业管理中有专门的学科进行介绍，本教材不再赘述。

一名技师要能完成优质模具的生产任务，而且为当好生产骨干，还要学会组织和管理模具的生产。因此，本篇的实例项目设置有四个；一是冷冲模生产作业计划的编制；二是模具工作零件质量控制与管理；三是如何当好模具生产安全员；四是成本核算的训练。

任务一　模具生产作业计划的编制实例

任务描述

模具生产车间接到公司下达的生产垫圈冲模LM50-013的作业指令，数量为1套，交货期为1个月。现要求对其生产作出进度计划。

LM50-013 垫圈冲模设计图、简明工艺卡片、原材料消耗定额和制作工时定额表详见模块五图 5-1～图 5-6 和表 5-1～表 5-6。LM50-013 模具因生产垫圈的单位已有通用模座可换

用，无须再订货，故该套模具零件数量少，且结构简单。其生产作业计划的编制有了上述信息资源后，可采用运筹学方法列表编制，亦可采用网络节点法编制。现采用网络节点法编制。

学习目标

通过实例，初步掌握网络图的实际运用技能，进一步熟悉生产作业计划编制的全过程，为组织指导班组生产作业计划执行创造坚实的基础。

任务完成

（1）按合同交货期为 30 天，则将 LM50-013 冲模的交货期进度为 29 天，留 1 天的保险期。按工艺倒推，模具装配调试试模需 4 天，则 LM50-013 冲模最晚在 25 日进入总装节点；在 22 日进入产出节点。因模具车间的热处理工段本月安排开炉时间为 16、17 日，表面处理工段开炉时间为 18、19 日，故本套模具的所有自制件机加工艺应安排在热处理、表面处理工序前完成。向前推自制件自 1 日下料起，到 4 日前，其下料坯件应全部到位开始投料，机械加工。

（2）按网络图要求绘制 LM50-013 冲模生产进度网络图，如图 11-1 所示。

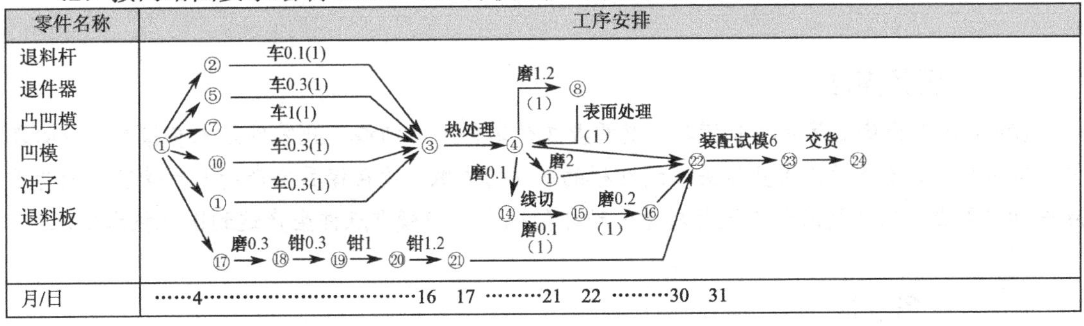

图 11-1　LM50-013 冲模生产进度网络图

（3）从网络图可知：

① 本套模具的重要件是凸凹模、凹模、冲子。

② 凹模的加工时间最长，为关键件，其关键线路为③④⑮⑯。

③ 本网络图显示关键节点是 ①③④抓进度重点是投料节点①和产出节点㉒。

任务小结

1．网络节点法最适用于多品种单件小批生产的生产综合计划进度的监控管理。

2．各品种模具产品生产作业计划，应根据网络图下达，具体各套模具零件排产顺序应按统筹法处理。

3．LM50-013 模具零件的机械加工应根据加工工艺进行组织。其各加工的制作工时定额均不超过 6 个工时。所以，4～16 日共 13 天（约 2 周）为其零件机加工期限，较为宽裕，机动性强，应交给生产班组自主安排。

4．本套模具生产计划管理的重点是冲模工作件，关键线路为凹模的生产作业线路，要跟踪考核。管理要抓投料与装配试模两个节点，即关键节点①和产出节点㉒。

知识链接

若月生产计划同时要求 A、B、C、D、E 五个品种共 7 套模具产品，则月生产计划生产综合进度表，将各品种零件按工艺路线及交货期要求绘制各自的网络图，可在一张大图上将各品种的网络图自上而下成矩阵形式集中在一起，成为本车间（本公司）模具生产的综合管理图表。

思考题与练习

试将本教材“贮油杯盖注射模”的工作零件的零件排出其生产作业计划书。

任务二 模具工作零件质量与管理

任务描述

LM50-013 为垫圈落料冲孔模具，其重要工作零件为凸凹模，此零件是本套模具的核心零件，其零件加工质量的优劣直接关系到冲模的成功与失败。故在模具生产的质量管理中列为重点件加以重点管理。则应如何进行质量管理才能确保凸凹模重点件生产达到图纸技术要求？

任务分析

为确保凸凹模重点件加工生产优质，必须将其列入重关质控件的管理，这是对原材料投入—加工制造—装配试模的全过程进行质量监控管理。车间质管员必须根据其加工工艺路线加以跟踪考核。

学习目标

1．学会根据模具图样与工艺规程，经过工艺分析确定哪些零件是重点质控件，根据工艺路线，确定哪些应设质量控制点，以制订质量管理的工作计划。

2．学会运用哪些质量管理办法达到管理的目的。

3．进一步领悟全面质量管理的基本原则与方法。

任务完成

1．模具图样与工艺规程的阅读领会与技术分析

读懂领会模具设计图样和其制造工艺规程等信息资料是对模具实施管理的基本功，否则

无法开展工作。

技术分析：

凹凸模为该套模具的关键工作零件之一，其材料是合金工具钢Cr12MoV，加工精度为IT7级，采取整体热处理淬火，技术要求为HRC55～60，此件内、外柱面的表面粗糙度较高，为*Ra*=0.4μm，其工作部位ϕ11.8与ϕ6.6刃口尺寸，采用配制法加工，即通过与已经加工完的凸、凹模尺寸配制，要求保证双边间隙0.04～0.06mm，这应由模具装配钳工通过钳修来完成。机加的最后一道工序是表面处理氧化。

此件的毛坯为锻造坯件，为企业的托制件，根据订货合同只有1件，这意味着凸凹模零件坯料加工只能成功不能失败。

2．拟定该套模具的质量管理工作方案

（1）将本套模具的工作部件列入重关件纳入质控件的监控目标，其余按质量管理的正当程序开展工作。

（2）质量控制的重点

① 工作零件的材料验证、文件核查；

② 工作零件的毛坯件合格证的查验；

③ 热处理淬火硬度的合格证查验；

④ 凸凹模配制后的工作尺寸，即配合间隙要求的检测文件的复核；

⑤ 凸凹模内、外工作面表面粗糙度的核查。

（3）重点对凸凹模零件的工序流动合格证的监控管理。

（4）对加工过程中出现的质量问题随时进行研究协调处理，与技术人员一起共同加强生产现场的技术管理。

3．实施

① 深入现场，考查5个质控点的动态。

② 加强工艺文件招待情况的检查力度。

③ 特别关注钳工装配与试模的工艺进展。

④ 发现异常及时处理。

4．总结评估

任务小结

1．上述质管工作应设专人管理，应为质管员的正当工作内容。

2．全程监控。

3．协调加工工艺过程中所有参与人员的生产活动。

4．抓住重点确保质量，要在消化图纸工艺基础上安排自己的工作计划，做到有序有数到位到底。

5．若发现问题应及时处理，并经质量分析采取措施解决问题后及时完善工艺文件。

6．上述工作的总思路应遵循 PDCA 循环。

思考题与练习

试拟定 LM50-013 模具中其他工作零件的质量管理工作方案。

任务三 生产安全员的模拟

任务描述

模具生产安全第一，模具生产的企业，根据国家有关法规的规定，必须设置专职的生产安全管理员，对模具生产的安全工作实行专项管理。生产安全员一般从企业的具有一定实际操作经验技能型人中挑选。若你被选中聘为生产安全员，则应如何开展安全管理的工作？

任务分析

担任生产安全员，虽然劳动强度低，但责任重于泰山，做好一个合格的生产安全管理员，并非一件简单容易的事。

首先要通过专业培训，系统学习有关生产安全方面的法律法规、企业有关安全生产的规章制度、各工种的安全生产操作技术标准、安全生产管理等基本知识。学习的目标在于掌握安全生产相关的基本知识，用专业知识武装其头脑，为安全管理工作实现科学化打下扎实的理论基础。

其次是深入生产现场的实际学习。

再次是在工作实践中严格依法办事，用法规保证生产安全，用规章制度预防安全事故的发生，用科学的工作方法进行严格管理。

最后是不断总结实践经验，在管理创新上有所进步。

任务完成

1．应具备的基本素质

① 具备高中以上文化素质；
② 具有三年以上实际机械加工的经验；
③ 工作认真，责任心强；
④ 通过培训，掌握生产安全的基本知识；
⑤ 身体素质好。

2．学习业务知识打好基础

① 熟悉模具生产的工艺加工全过程。

② 熟悉模具生产车间的所有用电设施。

③ 掌握模具生产车间所使用的机械加工设备的结构性能和用途。

④ 掌握模具生产车间车、铣、钻、磨、电火花、钳修电加工等加工工种的安全生产操作技术标准。

⑤ 定期和不定期深入生产作业现场巡视检查人员、设备、电器和起重、交通等方面的安全状态，发现安全隐患立即整改到位。

3．安全第一，预防为主，综合治理，杜绝事故

① 以生产作业现场为平台，不断加强与生产、业务人员的安全生产方面的沟通与协调，认真落实防患于未然的各项安全措施。

② 按违反安全操作规程的 49 项内容，严格查处违规违纪的人和事，严肃执法，秉公办事，忠实履行职责。

③ 按安全生产管理的要求，及时总结上报和填写各种管理数据表格。

④ 协助管理模具生产最高管理者制定安全生产的工作计划和工作目标。

⑤ 协助生产车间最高管理者拟定安全事故发生时的各项处置预案。

⑥ 不断自学科技知识，积极推行生产安全质量标准化。

任务小结

1．从上述对生产安全员的素质和职责要求看，要当好一个称职的生产安全员并非是一件容易的事，关键是责任重大。

2．生产作业现场是生产安全员的基本舞台，学习与管理的阵地。要努力做到对所管理的生产现场人员、设备、设施一目了然，要实现这个目标并非一朝一夕之事。

3．防范是最好的手段，勤劳勤查主动出击是最有效的工作方式，安全第一必须以人为本。

4．学习—实践—再学习—实践是培养和提高生产安全业务素质最有效的捷径。

思考题与练习

你对当一名模具生产的生产安全员有什么感想？达到什么目标才是称职的？

模块十二　成本核算与估报价实例

实例描述

市场需生产汽车配件贮油杯盖，材料为塑料 ABS，生产批量为 1000000 件，现已设计出贮油杯盖塑料注射模具一套，通过评审可进行模具制造。因某塑料品生产企业无模具加工能力，需外委订购。现在试将该套塑料注射模按常规模具加工工艺进行生产，承件的模具企业估算其制造费用应为多少？其合同报价应为多少？

其模具设计图样如图 12-1 所示。

任务分析

该注射模由 25 种零件组成，其中自制零件为 20 种共 33 件，外购标准紧固件为 5 种共 18 件。只有在其生产成本核算的基础上，才能估算其制造成本和合同的报价，应用本教材模块五和模块九所学的知识，估算这套注射模具的制造成本（费用）。

贮油杯盖注射模具的成本估算基本程序如下。

1. 贮油杯盖注射模具设计图样的工艺性审查

① 整套图样的加工精度为工厂 IT7～IT8 级，制造精度为一般，加工模具的设备完全可以满足图纸要求。

② 本模具的工作面表面粗糙度要求很高，尤其是型腔其表面粗糙度为 *Ra*0.1，必须要进行光整加工，即需进行研磨抛光。另模板的工作面的平面度及平行度要求高，加工时必须保证。

③ 本套图纸技术要求合理，可满足工艺要求，工艺审查合格。

2. 编制 20 种自制模具零件的工艺规程

根据模具单件力量生产性质，应编制简明工艺过程卡片。根据现有生产条件，其各加工零件简明工艺卡片见表 12-1～12-21。

3. 编制模具零件及原材料消耗定额

根据经审核的零件工艺卡片文件和材料工艺消耗相关标准，编制各加工零件的材料消耗定额，本实例的模具材料消耗定额见表 12-22。

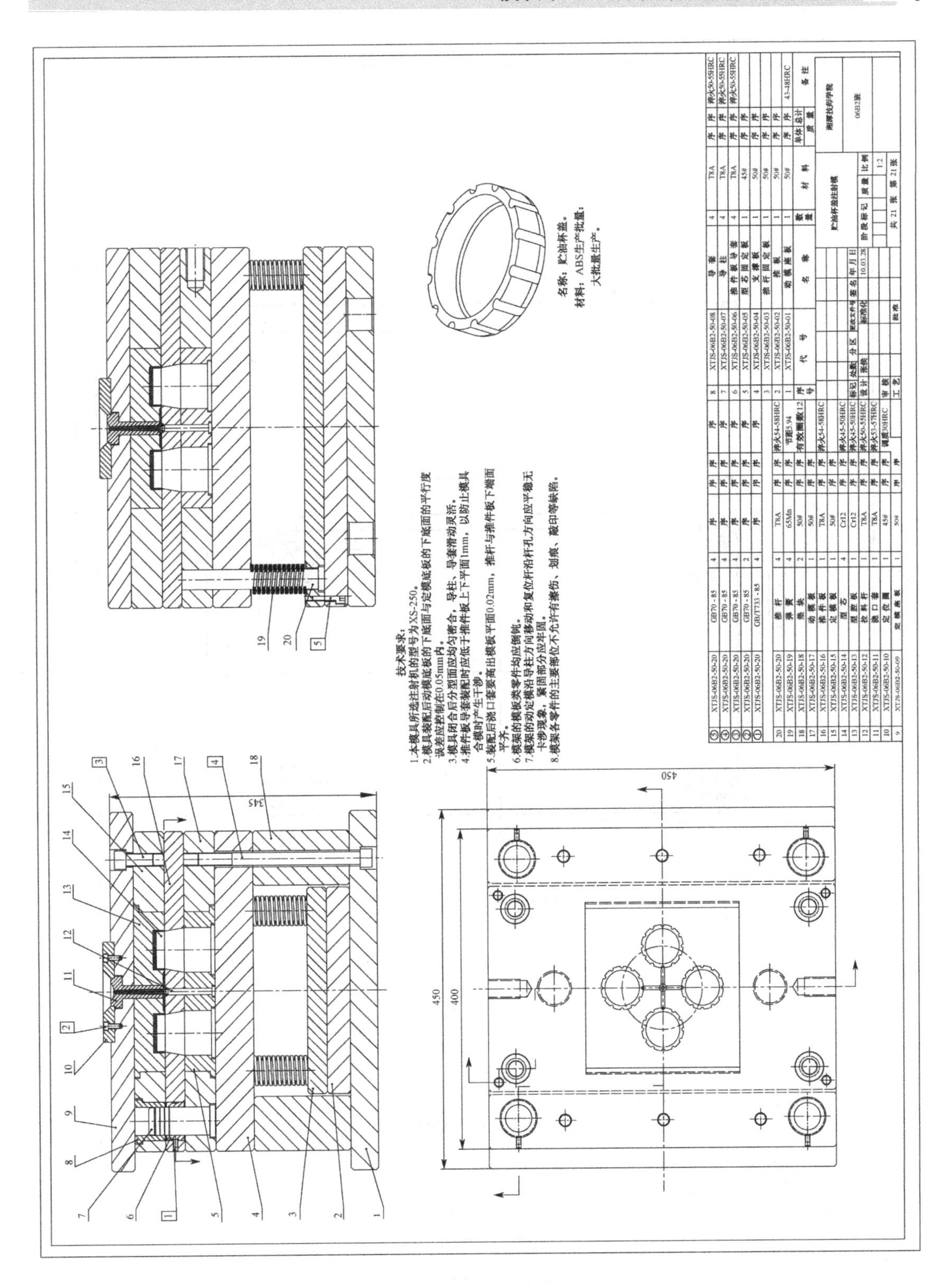
技术要求：
1.本模具所选注射机的型号为XS-250。
2.模具装配后动模底板的下底面与定模底板的下底面的平行度误差应控制在0.05mm内。
3.模具闭合后分型面应均匀密合，导柱、导套滑动灵活。
4.推件板导套装配时应低于推件板上下平面1mm，以防止模具合模时产生干涉。
5.装配后浇口套要高出模板平面0.02mm，推杆与推件板下端面平齐。
6.模架的模板类零件均应倒钝。
7.模架的动定模沿导柱方向移动和复位杆沿杆孔方向应平稳无卡涉现象，紧固部分应牢固。
8.模架各零件的主要部位不允许有擦伤、划痕、裂印等缺陷。
名称：贮油杯盖。
材料：ABS生产批量：大批量生产。
345
450
400
450
贮油杯盖注射模
湘潭技师学院
06B2班
1:2
共 21 张　第 21 张

图 12-1　贮油杯盖

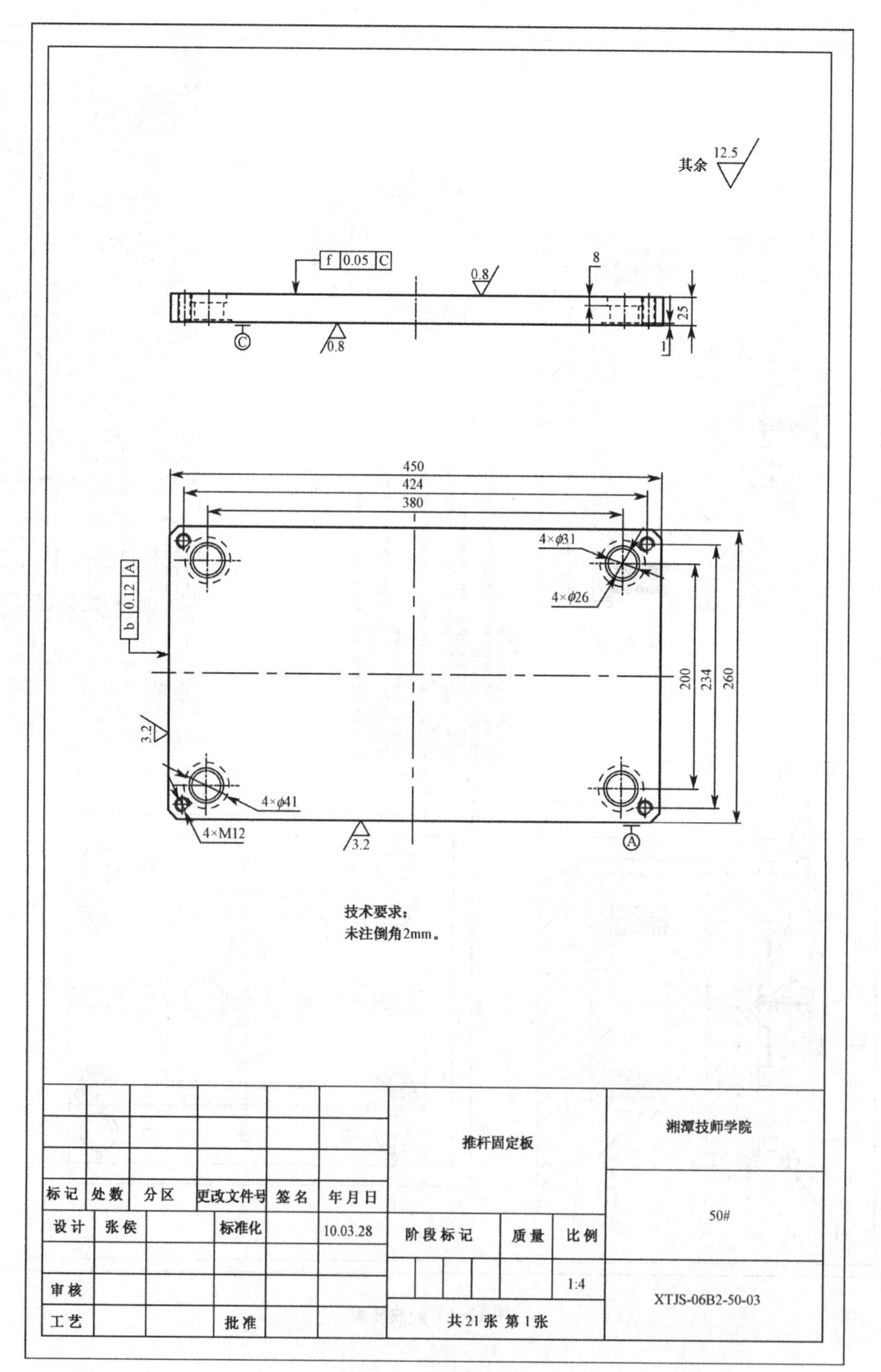
其余 12.5
f 0.05 C
0.8
8
25
1
C
0.8
450
424
380
4×φ31
4×φ26
b 0.12 A
200
234
260
3.2
4×φ41
4×M12
3.2
A
技术要求：
未注倒角2mm。
推杆固定板
湘潭技师学院
标记 处数 分区 更改文件号 签名 年月日
设计 张俟 标准化 10.03.28
阶段标记 质量 比例
50#
审核
1:4
XTJS-06B2-50-03
工艺 批准
共21张 第1张

图 12-2 推杆固定板

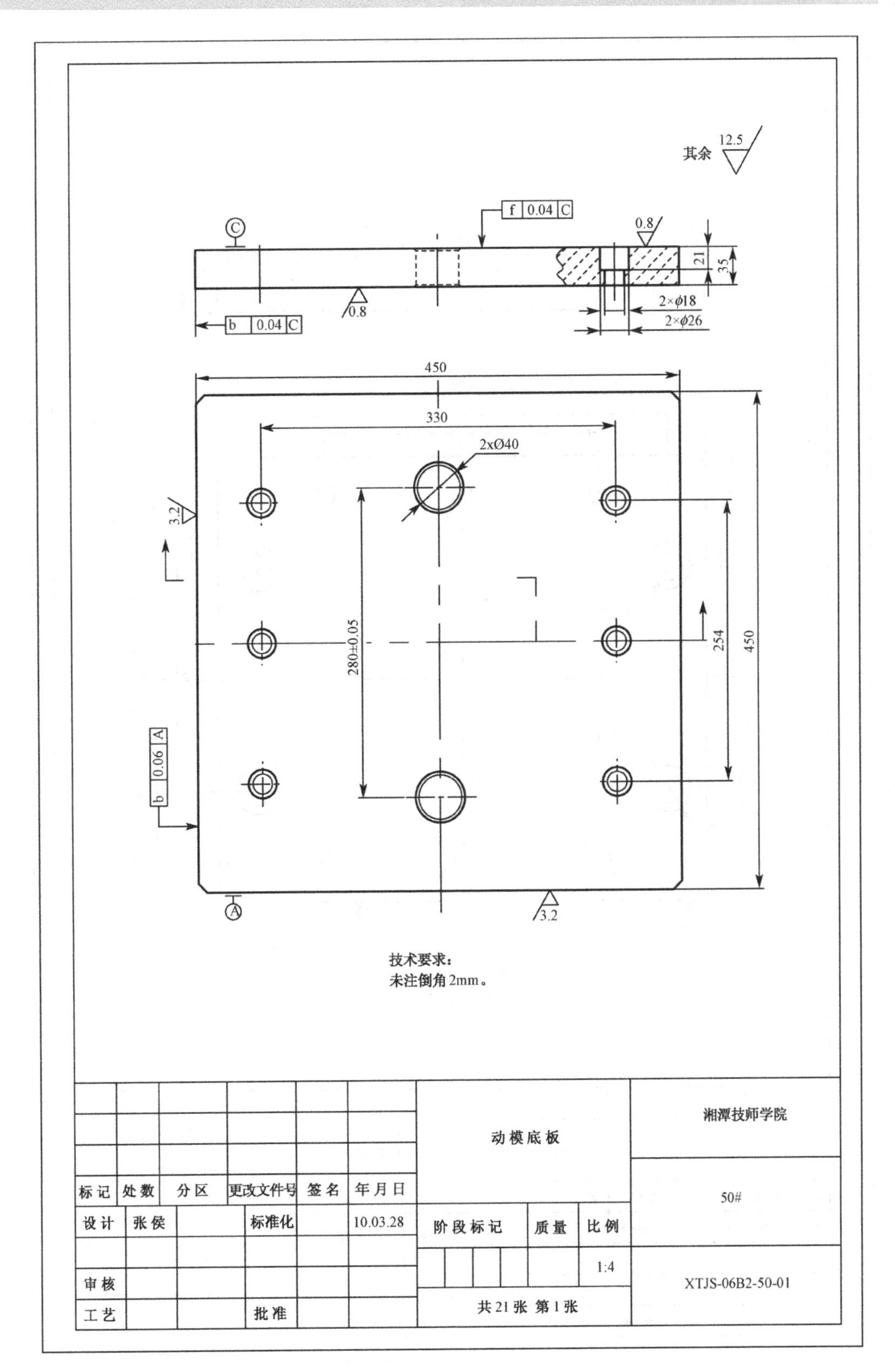
其余 12.5
f 0.04 C
0.8
21
35
0.8
2×φ18
2×φ26
b 0.04 C
450
330
2xØ40
3.2
280±0.05
254
450
b 0.06 A
3.2
技术要求：
未注倒角2mm。
标记 处数 分区 更改文件号 签名 年月日
设计 张侯 标准化 10.03.28
审核
工艺 批准
动模底板
阶段标记 质量 比例
1:4
共21张 第1张
湘潭技师学院
50#
XTJS-06B2-50-01

图 12-3　动模底板

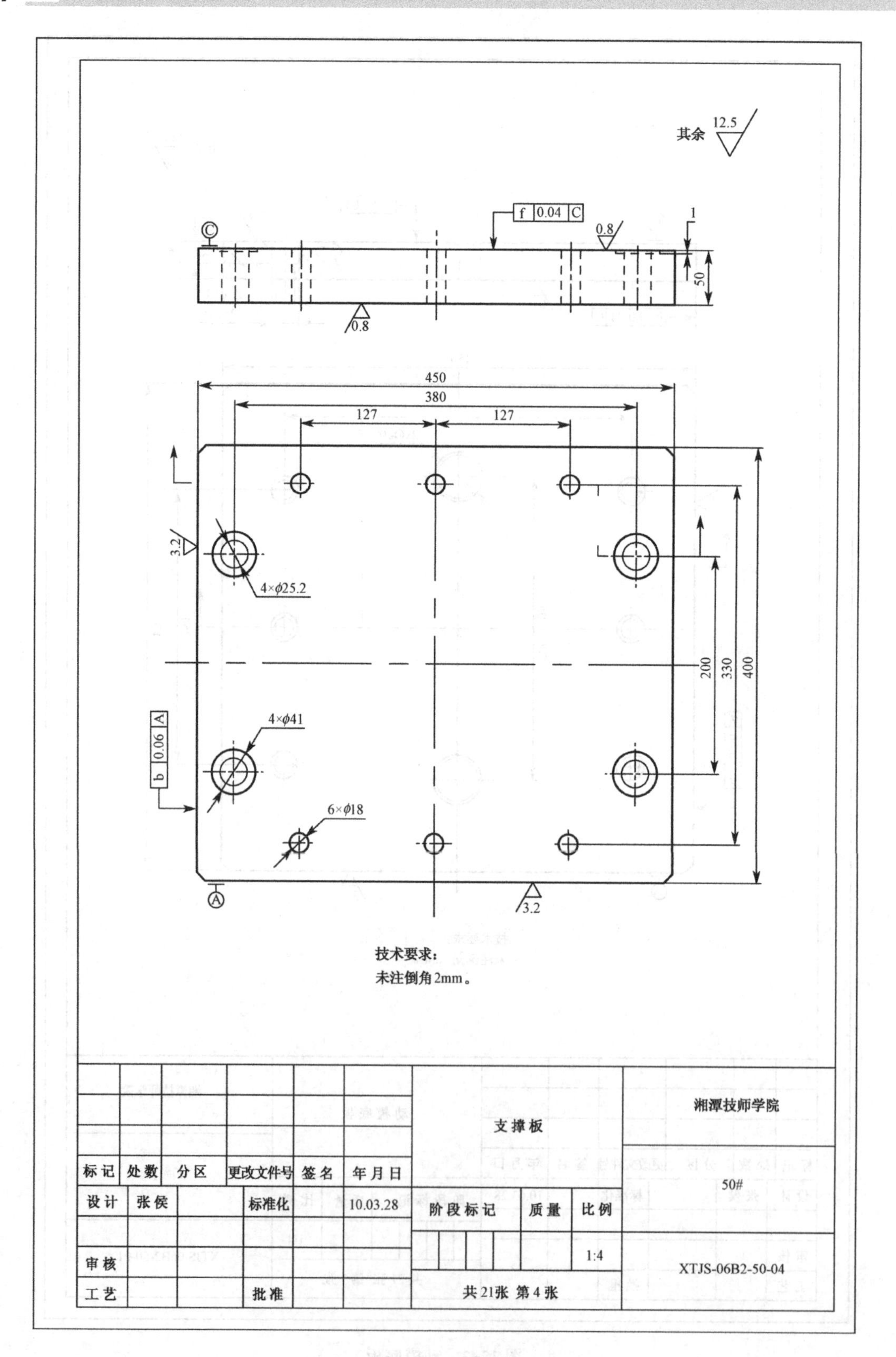
其余 12.5
f 0.04 C
0.8
1
50
0.8
450
380
127
127
3.2
4×ϕ25.2
200
330
400
b 0.06 A
4×ϕ41
6×ϕ18
3.2
技术要求：
未注倒角2mm。
标记 处数 分区 更改文件号 签名 年月日
设计 张侯 标准化 10.03.28
阶段标记 质量 比例
1:4
审核
工艺 批准
支撑板
共21张 第4张
湘潭技师学院
50#
XTJS-06B2-50-04

图 12-4 支撑板

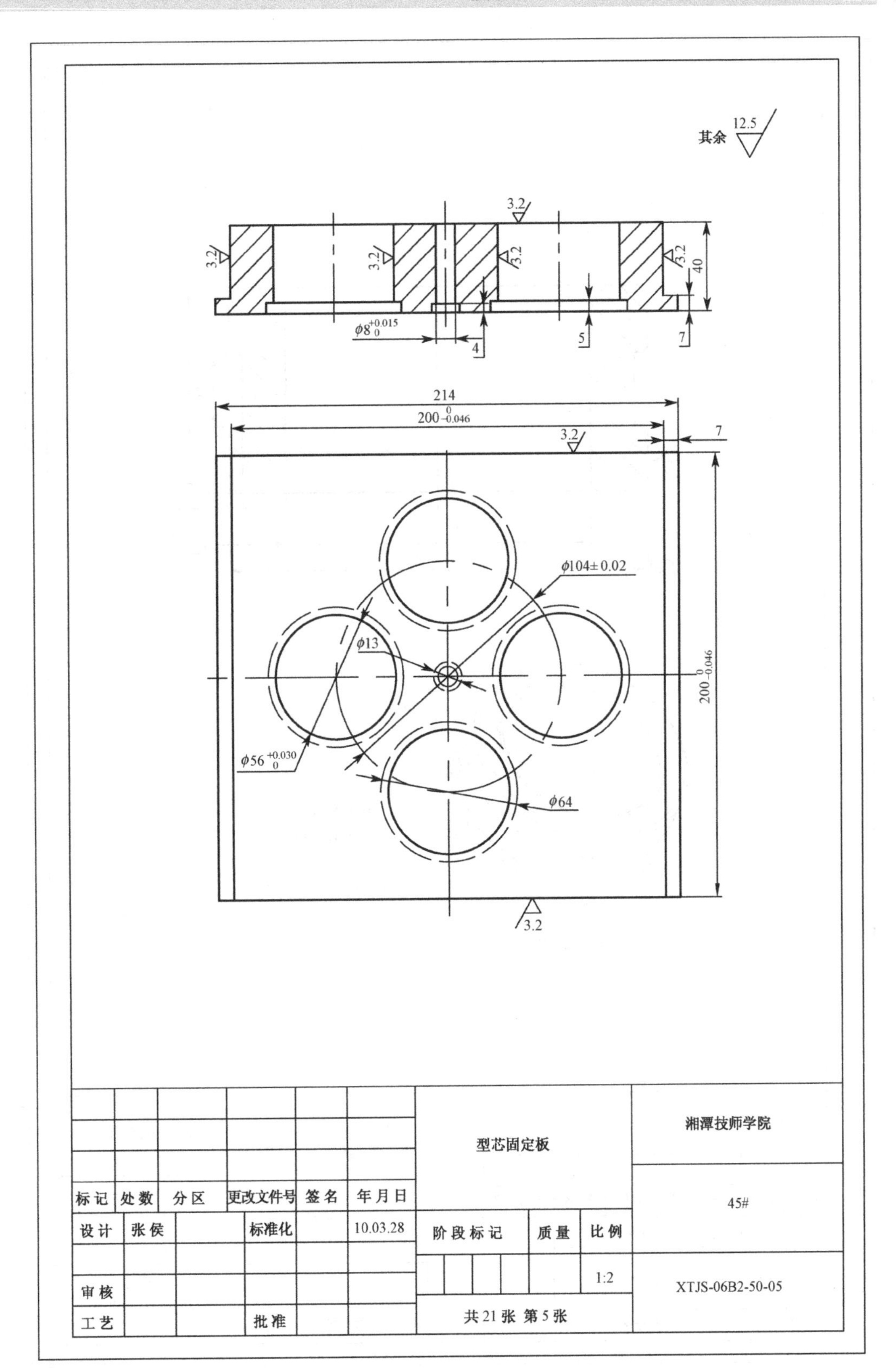
其余 12.5
3.2
40
$\phi 8^{+0.015}_{0}$
4
5
7
214
$200^{0}_{-0.046}$
$\phi 104 \pm 0.02$
$\phi 13$
$\phi 56^{+0.030}_{0}$
$\phi 64$
型芯固定板
湘潭技师学院
45#
标记 处数 分区 更改文件号 签名 年月日
设计 张侯 标准化 10.03.28
阶段标记 质量 比例
1:2
审核
工艺 批准
共21张 第5张
XTJS-06B2-50-05

图 12-5　型芯固定板

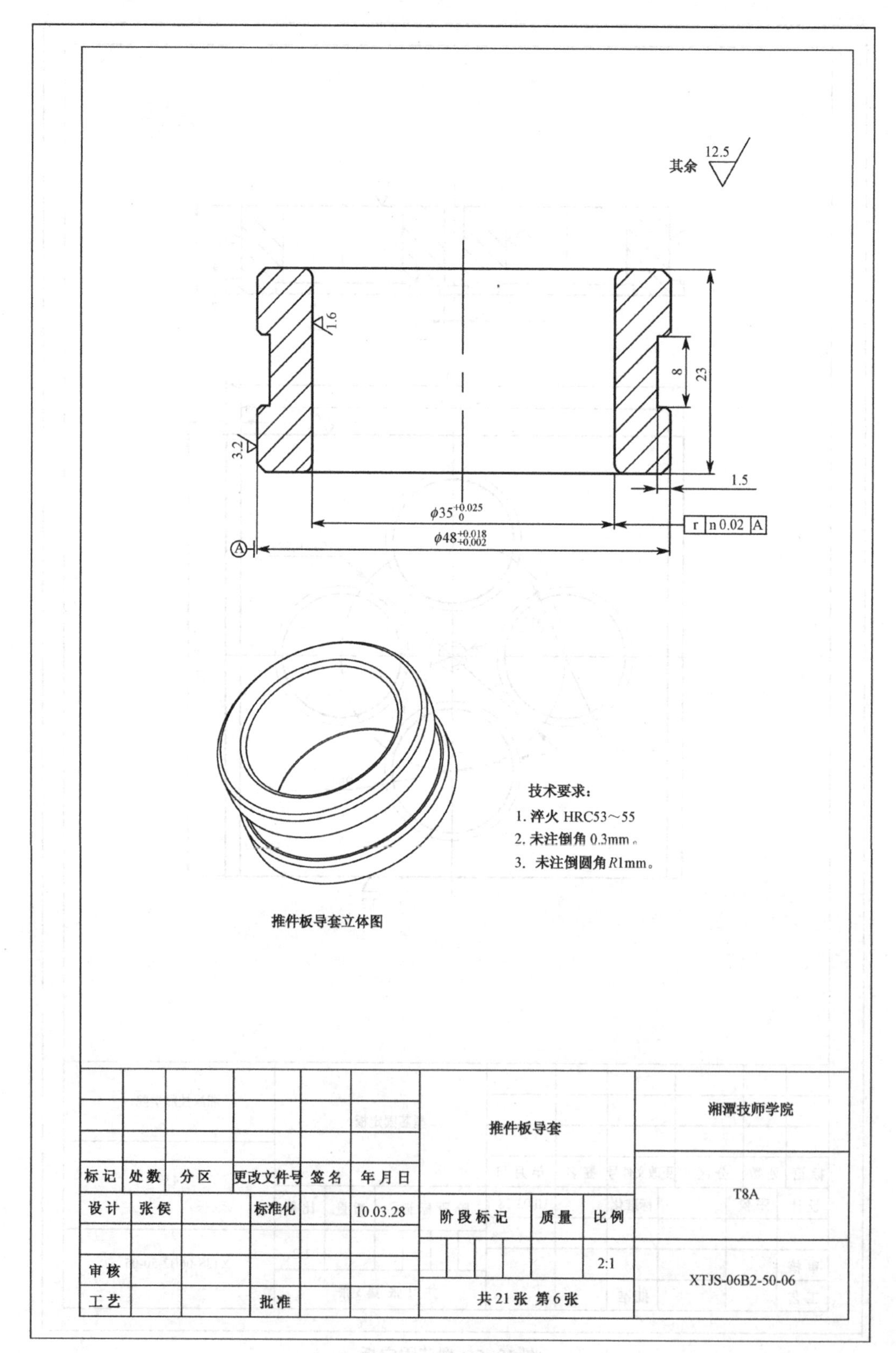
其余 12.5
1.6
3.2
8
23
1.5
$\phi35^{+0.025}_{0}$
$\phi48^{+0.018}_{+0.002}$
r n 0.02 A
A
技术要求：
1. 淬火 HRC53～55
2. 未注倒角 0.3mm。
3. 未注倒圆角R1mm。
推件板导套立体图
标记 处数 分区 更改文件号 签名 年月日
设计 张侯 标准化 10.03.28
审核
工艺 批准
推件板导套
阶段标记 质量 比例
2:1
共21张 第6张
湘潭技师学院
T8A
XTJS-06B2-50-06

图 12-6　推件板导套

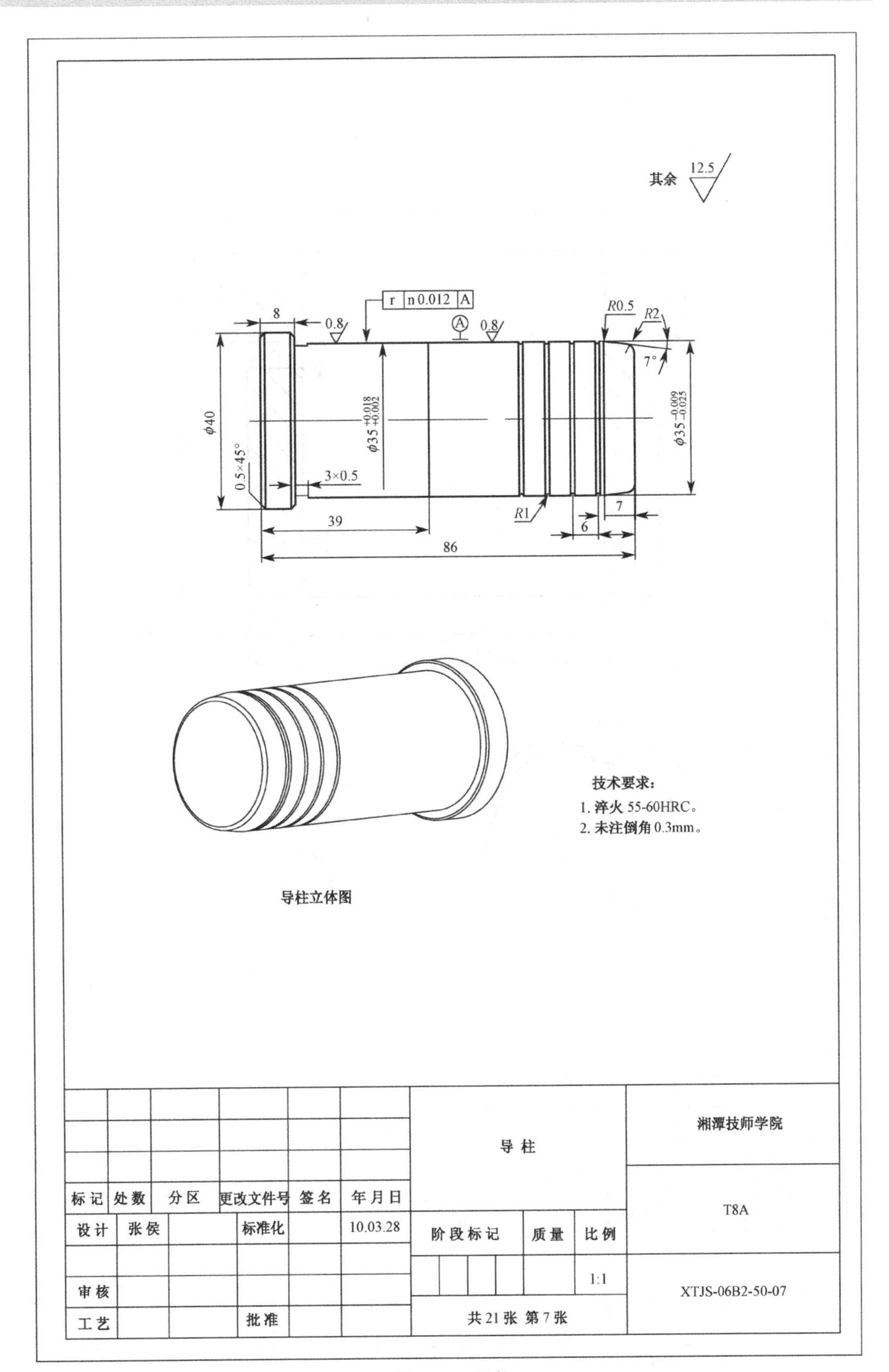
其余 12.5
r n0.012 A
8
0.8
A
0.8
R0.5
R2
7°
φ40
φ35 +0.018 +0.002
φ35 −0.009 −0.025
0.5×45°
3×0.5
39
86
R1
6
7
导柱立体图
技术要求：
1. 淬火 55-60HRC。
2. 未注倒角 0.3mm。
标记 处数 分区 更改文件号 签名 年月日
设计 张侯 标准化 10.03.28
审核
工艺 批准
导柱
阶段标记 质量 比例
1:1
共21张 第7张
湘潭技师学院
T8A
XTJS-06B2-50-07

图 12-7　导柱

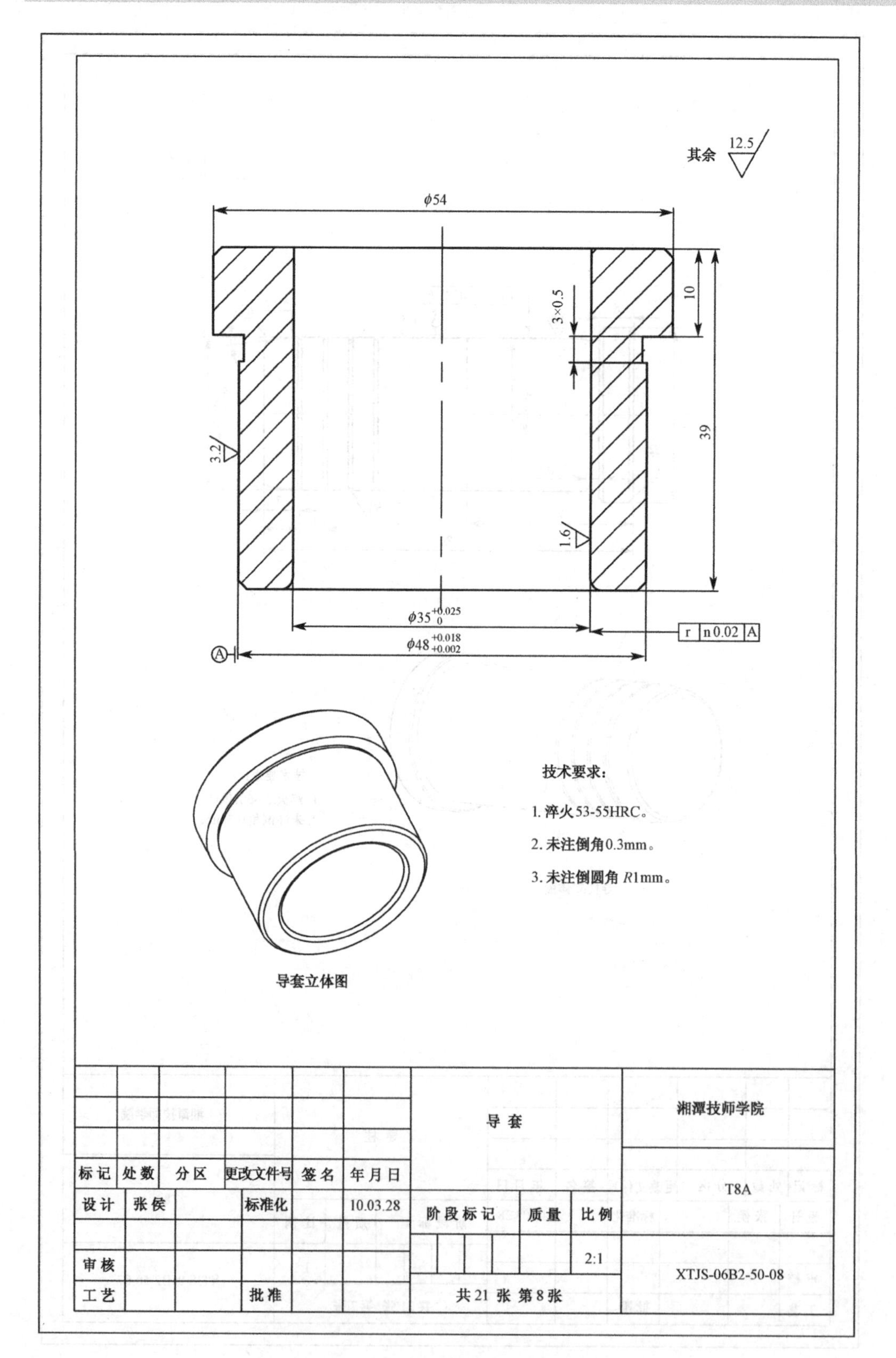
其余 12.5
φ54
3×0.5
10
39
3.2
1.6
φ35 +0.025 0
φ48 +0.018 +0.002
A
r n 0.02 A
技术要求:
1. 淬火53-55HRC。
2. 未注倒角0.3mm。
3. 未注倒圆角 R1mm。
导套立体图
标记 处数 分区 更改文件号 签名 年月日
设计 张侯 标准化 10.03.28
审核
工艺 批准
导套
阶段标记 质量 比例
2:1
共21张 第8张
湘潭技师学院
T8A
XTJS-06B2-50-08

图 12-8 导套

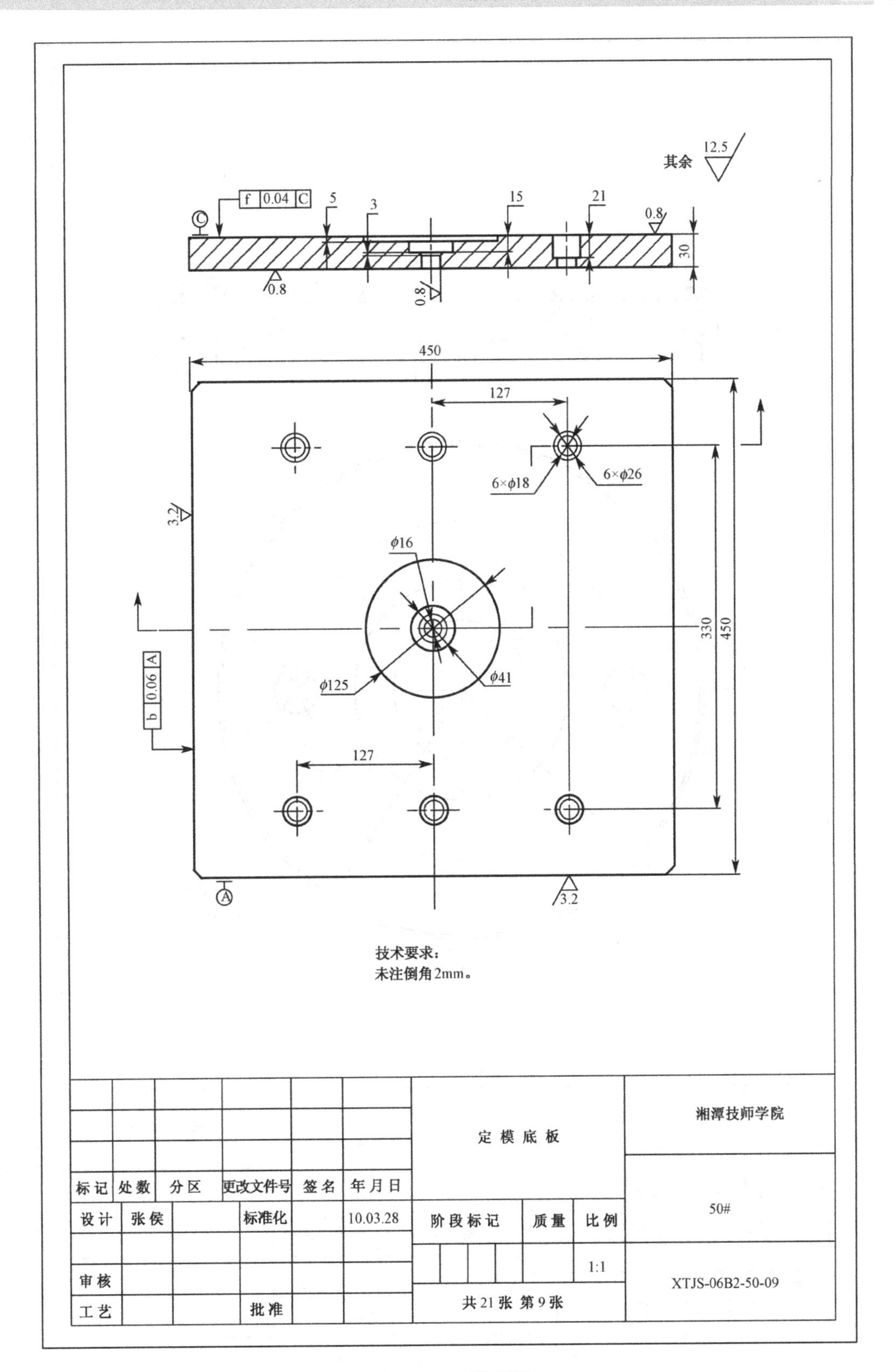
其余 12.5
f 0.04 C
5
3
15
21
0.8
30
0.8
0.8
450
127
6×φ18
6×φ26
3.2
φ16
φ125
φ41
330
450
b 0.06 A
127
3.2
技术要求：
未注倒角2mm。
标记 处数 分区 更改文件号 签名 年月日
设计 张侯 标准化 10.03.28
审核
工艺 批准
定模底板
阶段标记 质量 比例
1:1
共21张 第9张
湘潭技师学院
50#
XTJS-06B2-50-09

图 12-9 定模底板

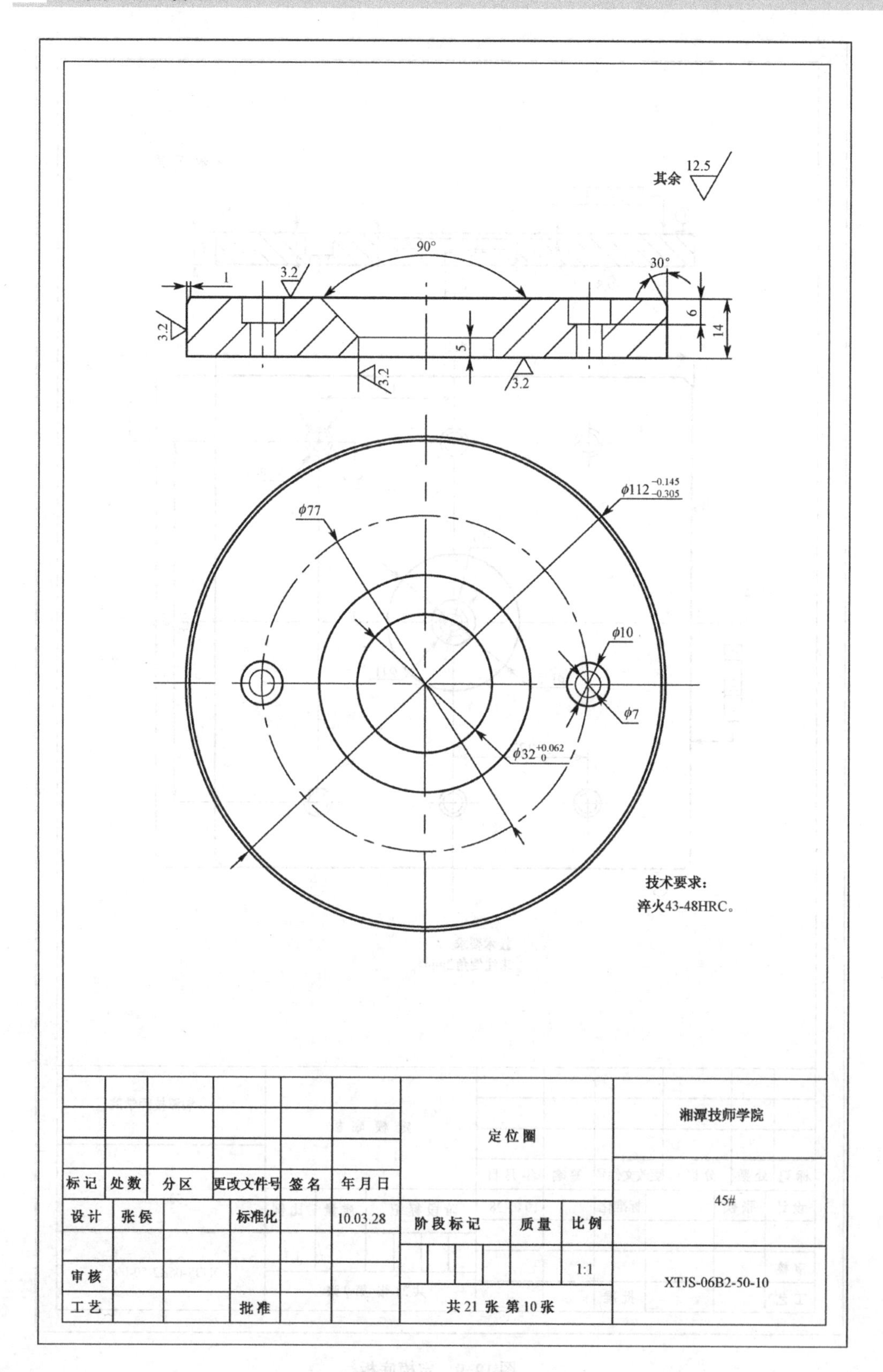
其余 12.5
90°
30°
1
3.2
3.2
3.2
3.2
5
6
14
φ112$^{-0.145}_{-0.305}$
φ77
φ10
φ7
φ32$^{+0.062}_{0}$
技术要求：
淬火43-48HRC。
定位圈
湘潭技师学院
标记
处数
分区
更改文件号
签名
年月日
设计
张侯
标准化
10.03.28
阶段标记
质量
比例
45#
审核
1:1
XTJS-06B2-50-10
工艺
批准
共21张 第10张

图 12-10　定位圈

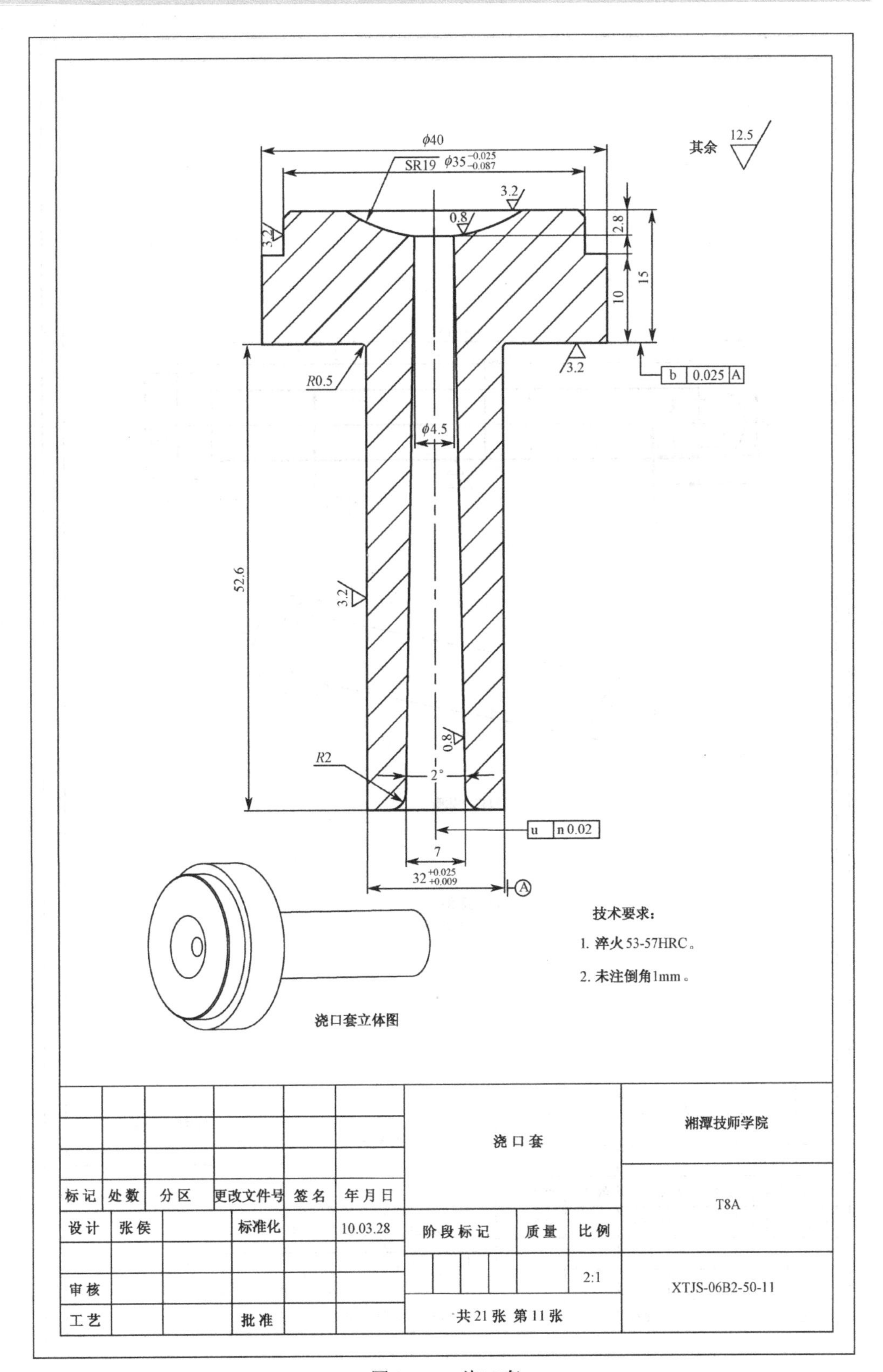
φ40
SR19
φ35$^{-0.025}_{-0.087}$
其余 12.5
3.2
0.8
2.8
15
10
3.2
R0.5
b 0.025 A
φ4.5
52.6
3.2
0.8
R2
2°
u n 0.02
7
32$^{+0.025}_{+0.009}$
A
技术要求：
1. 淬火53-57HRC。
2. 未注倒角1mm。
浇口套立体图
标记 处数 分区 更改文件号 签名 年月日
设计 张侯 标准化 10.03.28
审核
工艺 批准
浇口套
阶段标记 质量 比例
2:1
共21张 第11张
湘潭技师学院
T8A
XTJS-06B2-50-11

图 12-11　浇口套

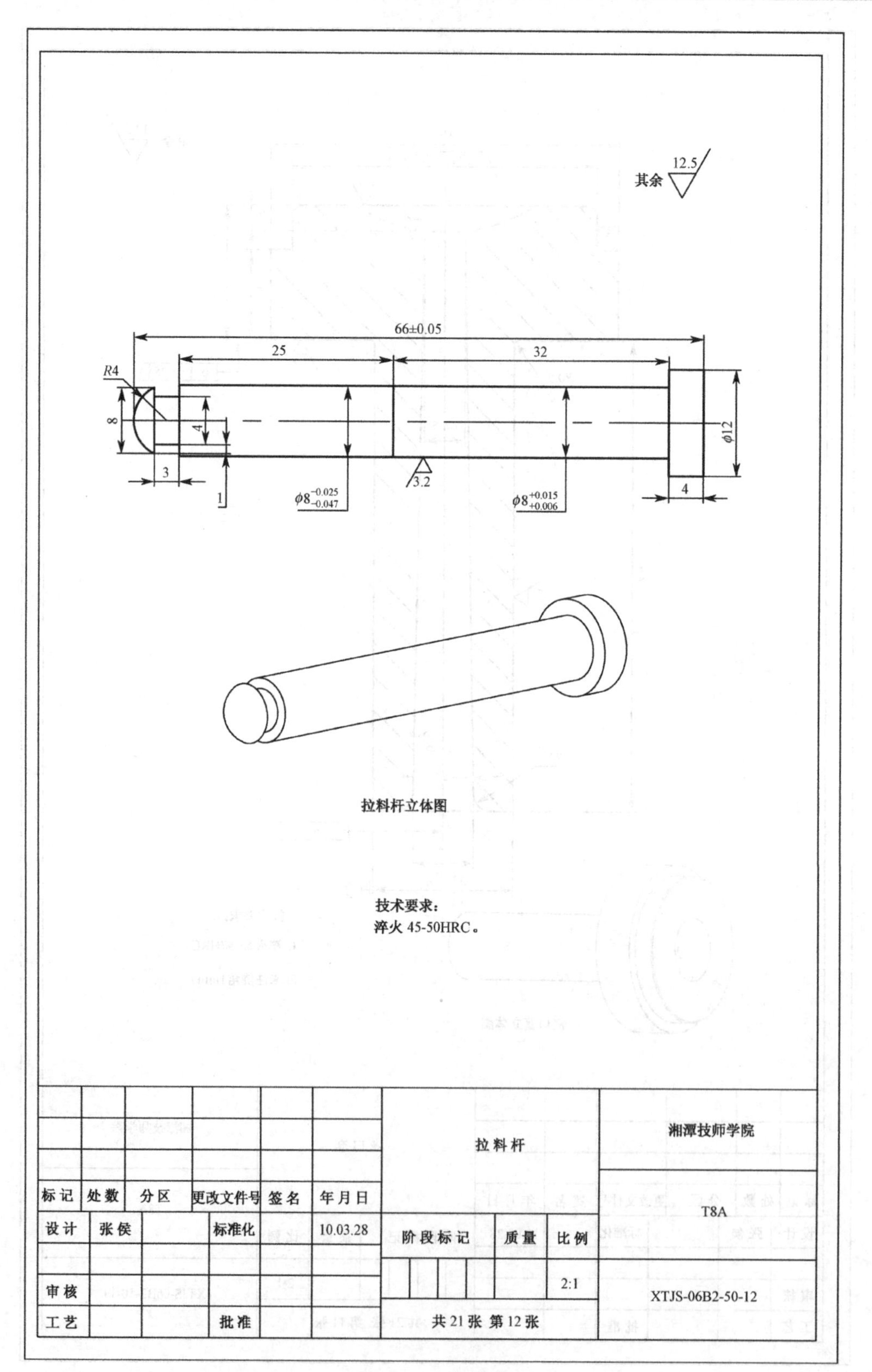
其余 12.5
66±0.05
25
32
R4
8
4
3
1
$\phi 8_{-0.047}^{-0.025}$
3.2
$\phi 8_{+0.006}^{+0.015}$
$\phi 12$
4
拉料杆立体图
技术要求：
淬火 45-50HRC。
标记 处数 分区 更改文件号 签名 年月日
设计 张侯 标准化 10.03.28
审核
工艺 批准
拉料杆
阶段标记 质量 比例
2:1
共 21 张 第 12 张
湘潭技师学院
T8A
XTJS-06B2-50-12

图 12-12 拉料杆

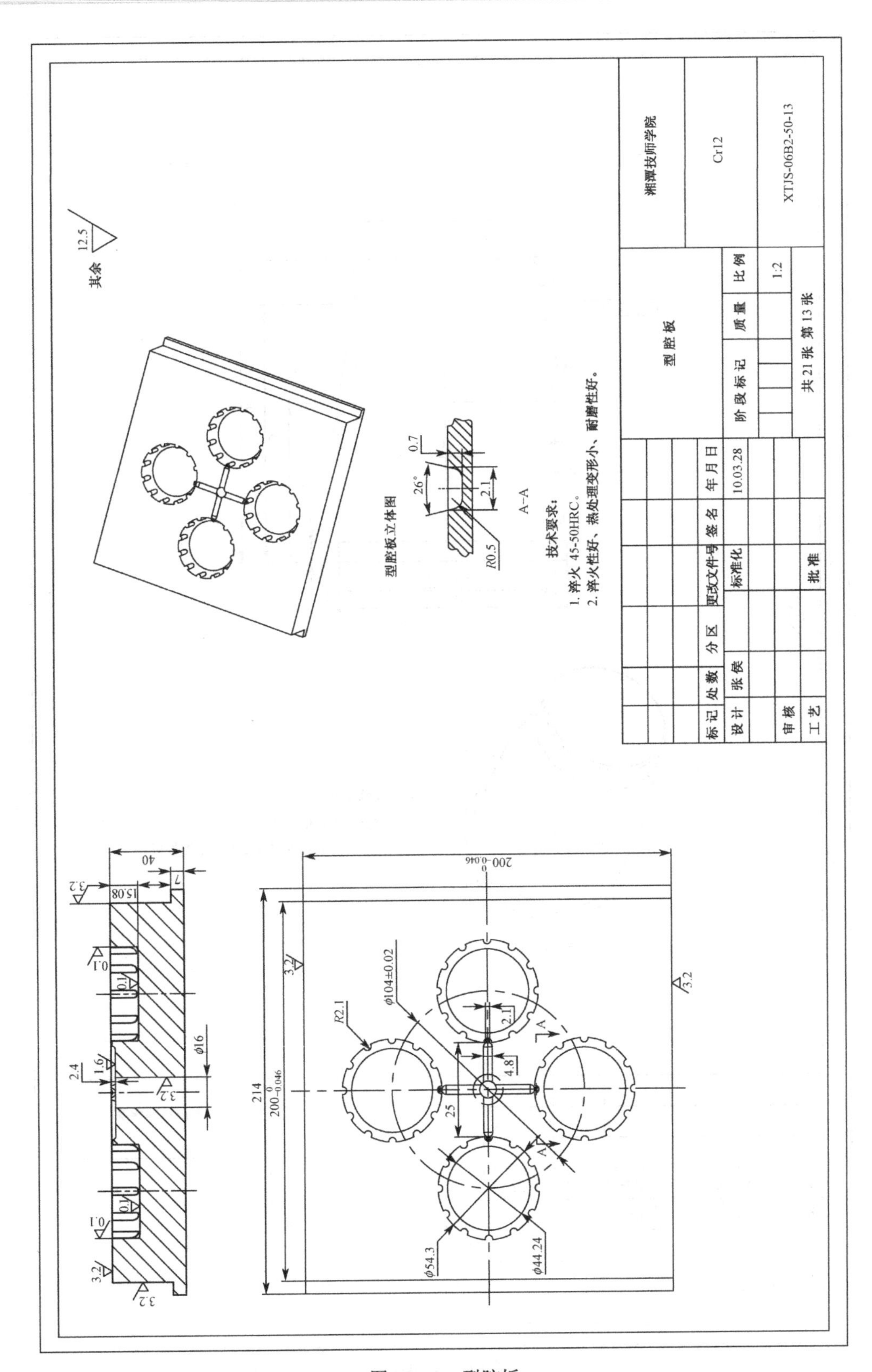
湘潭技师学院
Cr12
XTJS-06B2-50-13
型腔板
阶段标记
质量
比例
1:2
共21张　第13张
标记
处数
分区
更改文件号
签名
年月日
设计
张侯
标准化
10.03.28
审核
工艺
批准
技术要求：
1. 淬火 45-50HRC。
2. 淬火性好、热处理变形小、耐磨性好。
型腔板立体图
A-A
其余
12.5
200
214
φ104±0.02
R2.1
φ54.3
φ44.24
φ16
40
15.08
R0.5
26°
0.7
2.1
4.8
25
3.2
0.1
1.6
2.4

图 12-13　型腔板

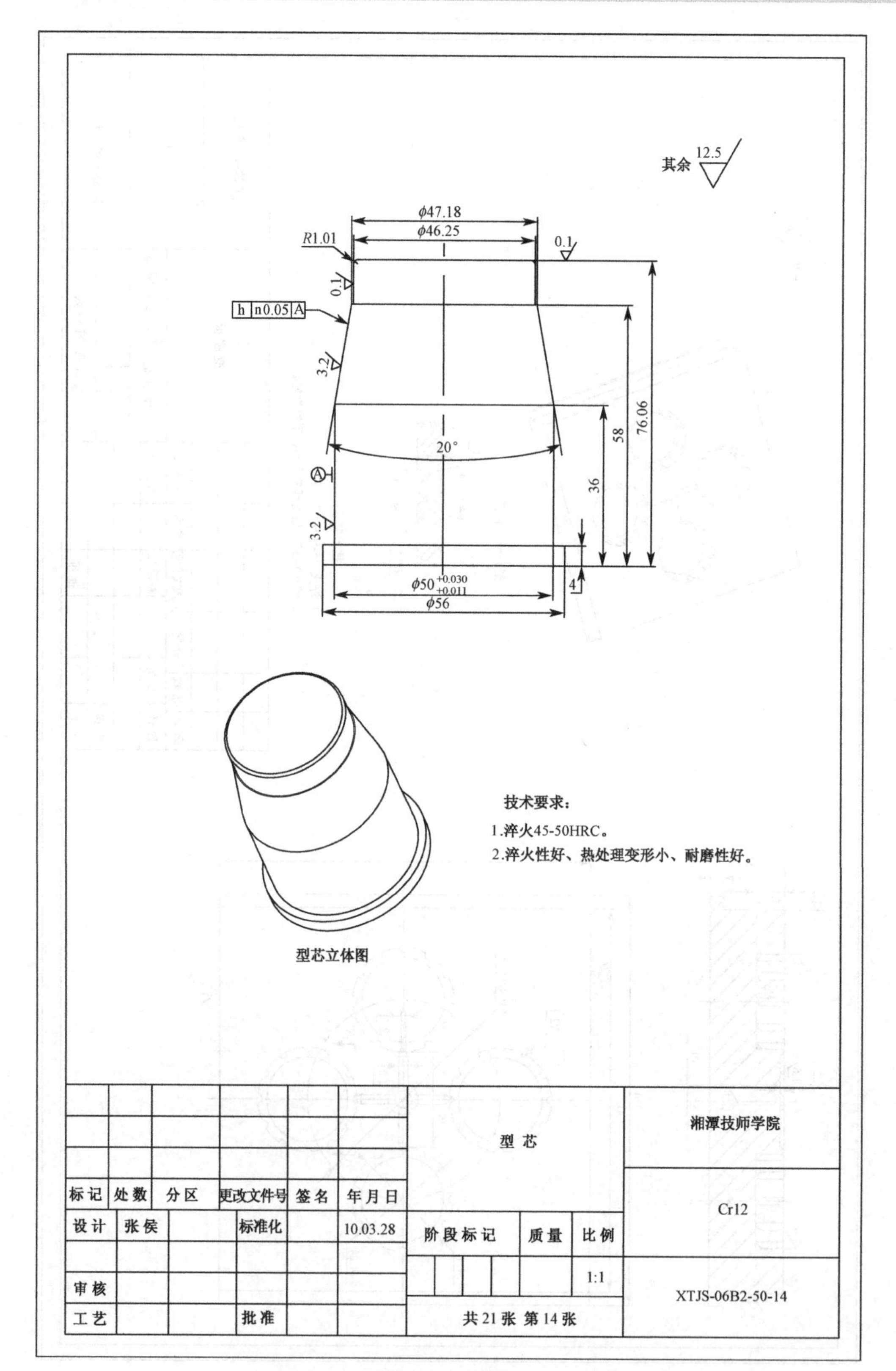
其余 12.5
ϕ47.18
ϕ46.25
R1.01
0.1
h n0.05 A
3.2
20°
A
3.2
58
76.06
36
4
ϕ50 +0.030 +0.011
ϕ56
型芯立体图
技术要求：
1.淬火45-50HRC。
2.淬火性好、热处理变形小、耐磨性好。
标记 处数 分区 更改文件号 签名 年月日
设计 张侯 标准化 10.03.28
审核
工艺 批准
型芯
阶段标记 质量 比例
1:1
共21张 第14张
湘潭技师学院
Cr12
XTJS-06B2-50-14

图 12-14 型芯

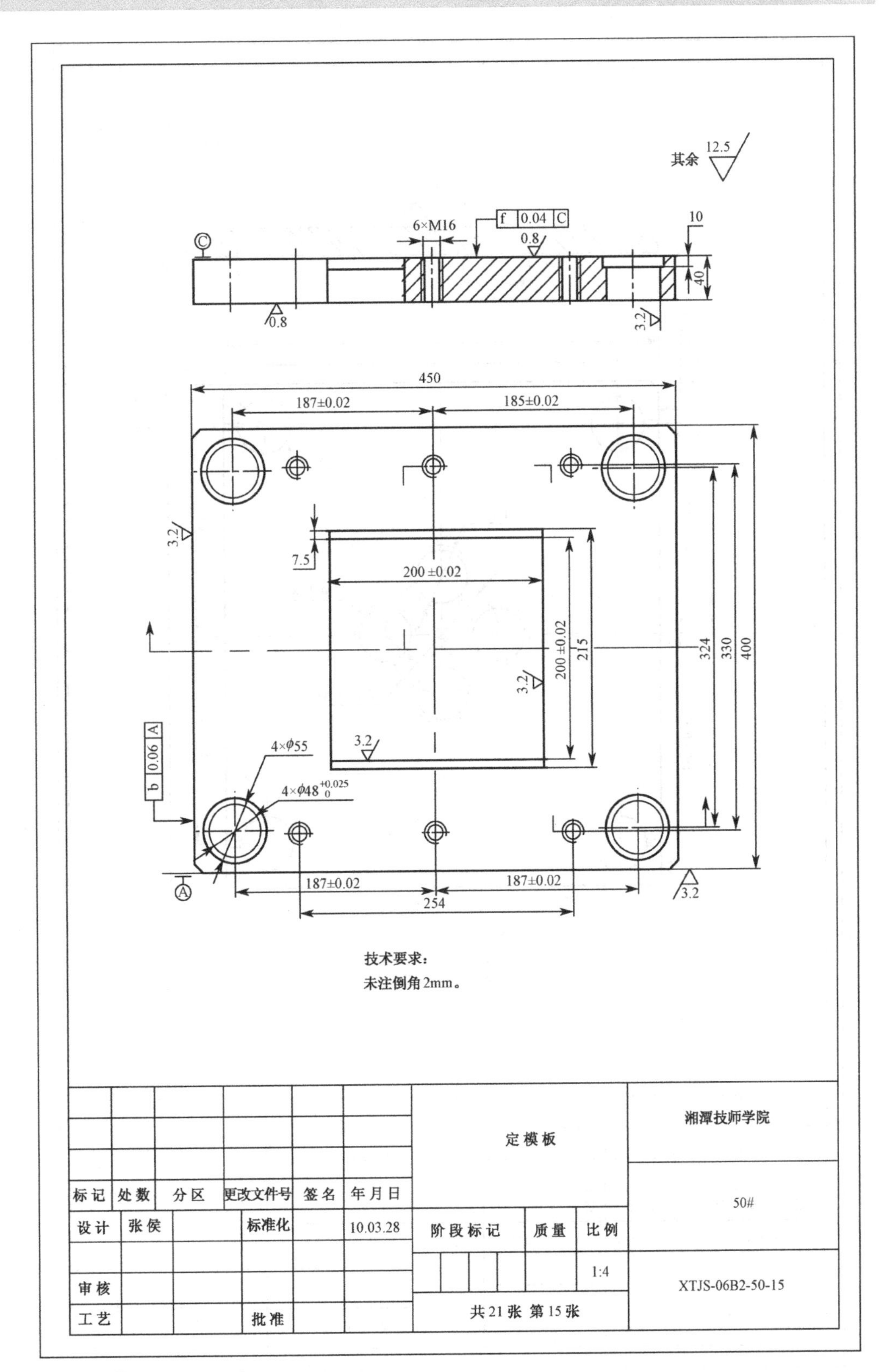
其余 12.5
6×M16
f 0.04 C
0.8
10
40
3.2
450
187±0.02
185±0.02
7.5
200 ±0.02
200 ±0.02
215
324
330
400
4×φ55
4×φ48 +0.025 0
b 0.06 A
187±0.02
187±0.02
254
技术要求：
未注倒角2mm。
定模板
湘潭技师学院
50#
标记 处数 分区 更改文件号 签名 年月日
设计 张侯 标准化 10.03.28
阶段标记 质量 比例
1:4
XTJS-06B2-50-15
审核
工艺 批准
共21张 第15张

图 12-15　定模板

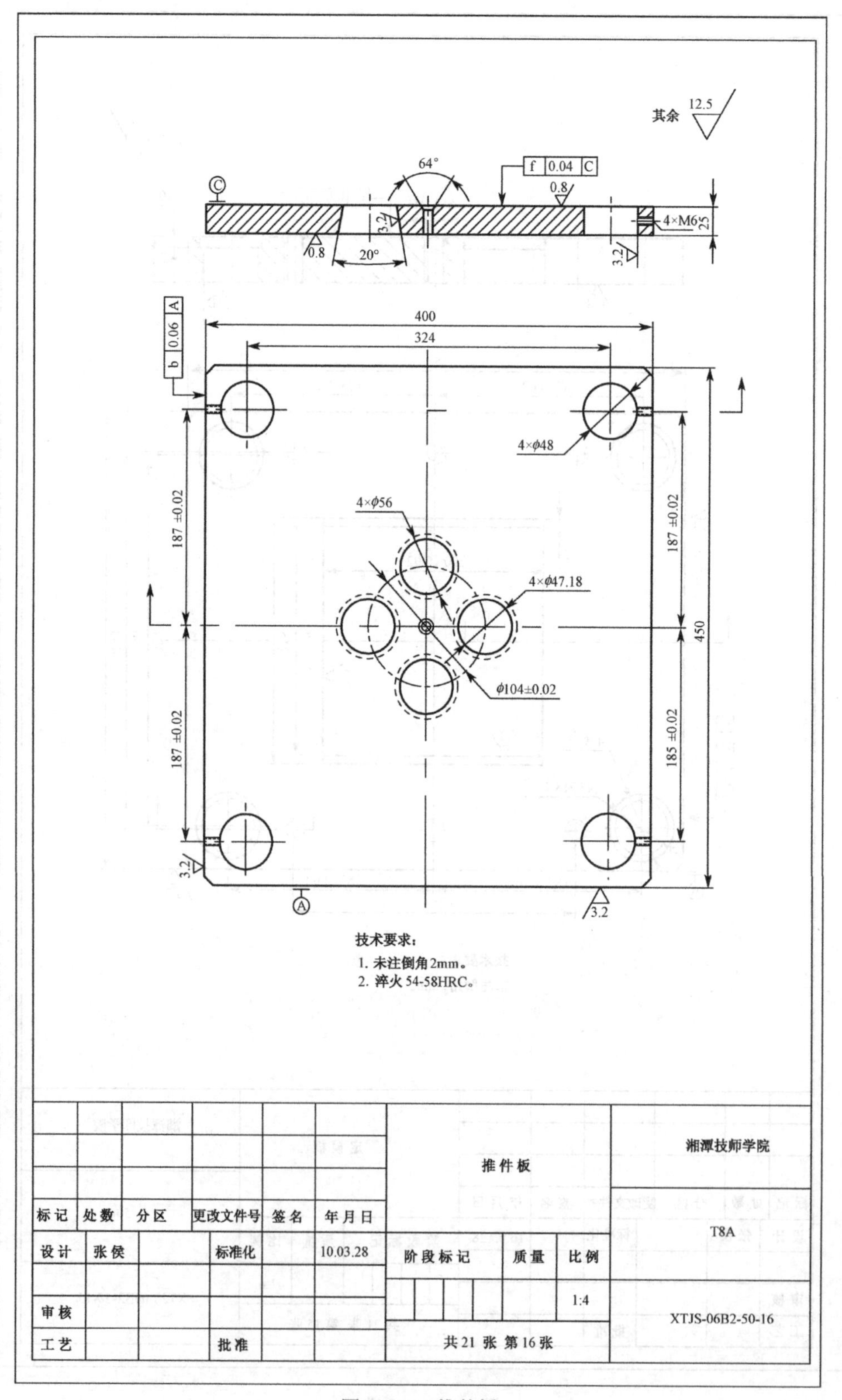
其余 12.5
64°
f 0.04 C
0.8
C
3.2
4×M6
25
0.8
20°
3.2
b 0.06 A
400
324
4×φ48
4×φ56
4×φ47.18
187 ±0.02
187 ±0.02
185 ±0.02
450
φ104±0.02
3.2
A
3.2
技术要求:
1. 未注倒角2mm。
2. 淬火 54-58HRC。
标记 处数 分区 更改文件号 签名 年月日
设计 张侯 标准化 10.03.28
审核
工艺 批准
推件板
阶段标记 质量 比例
1:4
共21 张 第16张
湘潭技师学院
T8A
XTJS-06B2-50-16

图 12-16 推件板

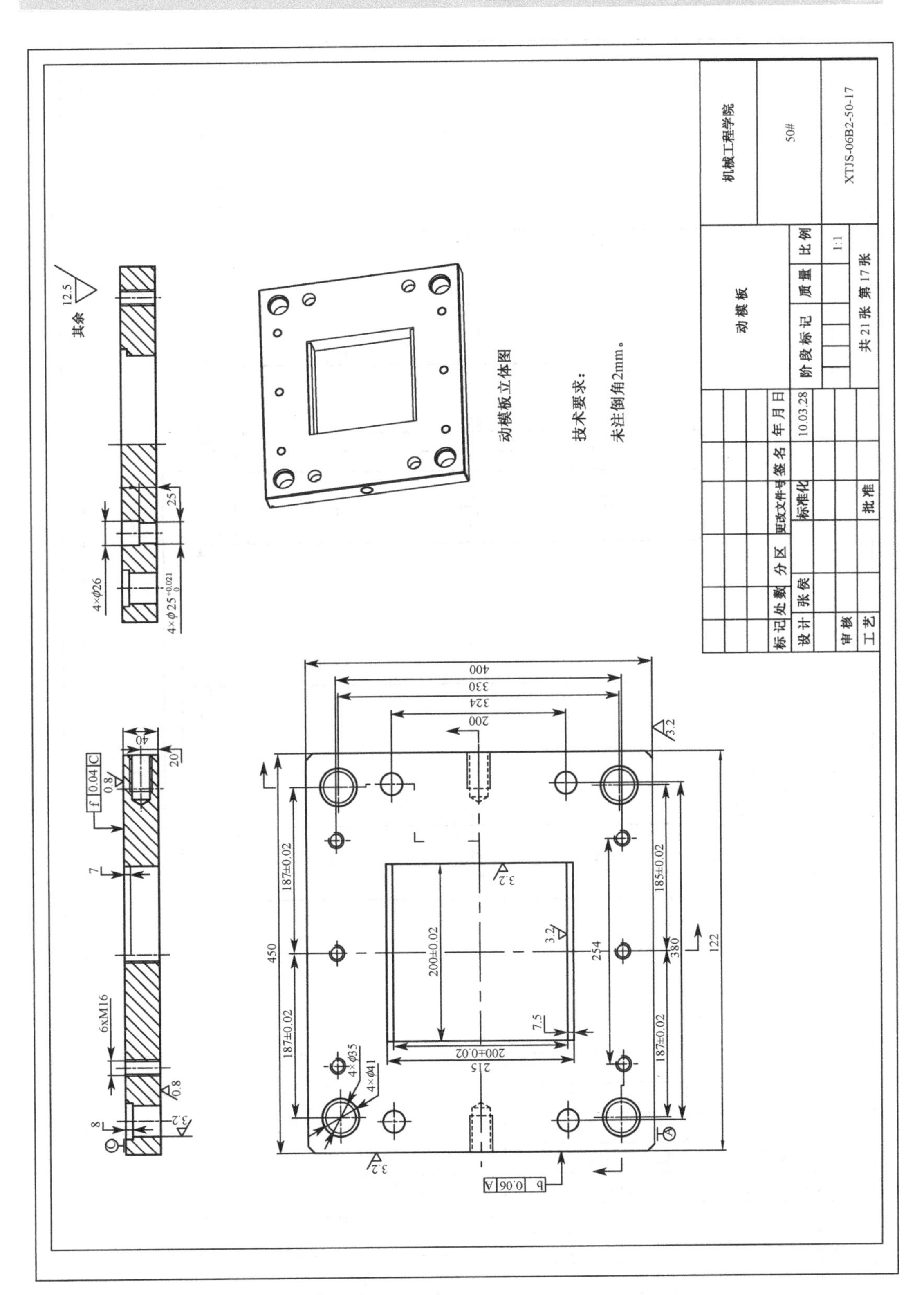
机械工程学院
50#
XTJS-06B2-50-17
动模板
阶段标记
质量
比例
1:1
共21张 第17张
标记
处数
分区
更改文件号
签名
年月日
设计
张葵
标准化
10.03.28
审核
工艺
批准
动模板立体图
技术要求：
未注倒角2mm。
其余
12.5
4×φ26
4×φ25$^{+0.021}_{0}$
25
6xM16
400
330
324
200
450
187±0.02
185±0.02
200±0.02
254
380
7.5
215
4×φ35
4×φ41
0.06
A
0.04
C

图 12-17　动模板

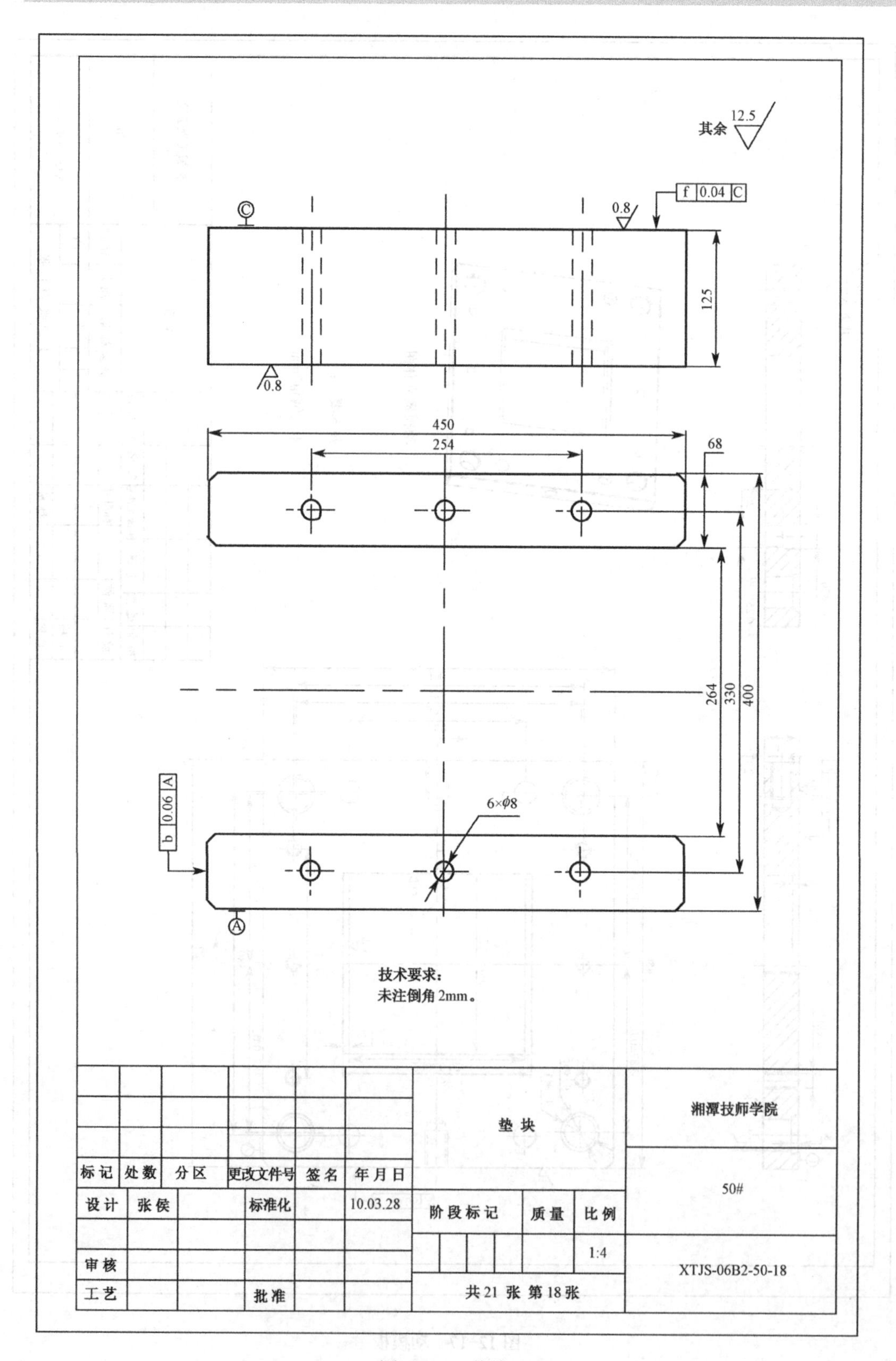
其余 12.5
f 0.04 C
0.8
C
125
0.8
450
254
68
264
330
400
b 0.06 A
6×φ8
A
技术要求：
未注倒角2mm。
标记 处数 分区 更改文件号 签名 年月日
设计 张侯 标准化 10.03.28
审核
工艺 批准
垫块
阶段标记 质量 比例
1:4
共21张 第18张
湘潭技师学院
50#
XTJS-06B2-50-18

图 12-18 垫块

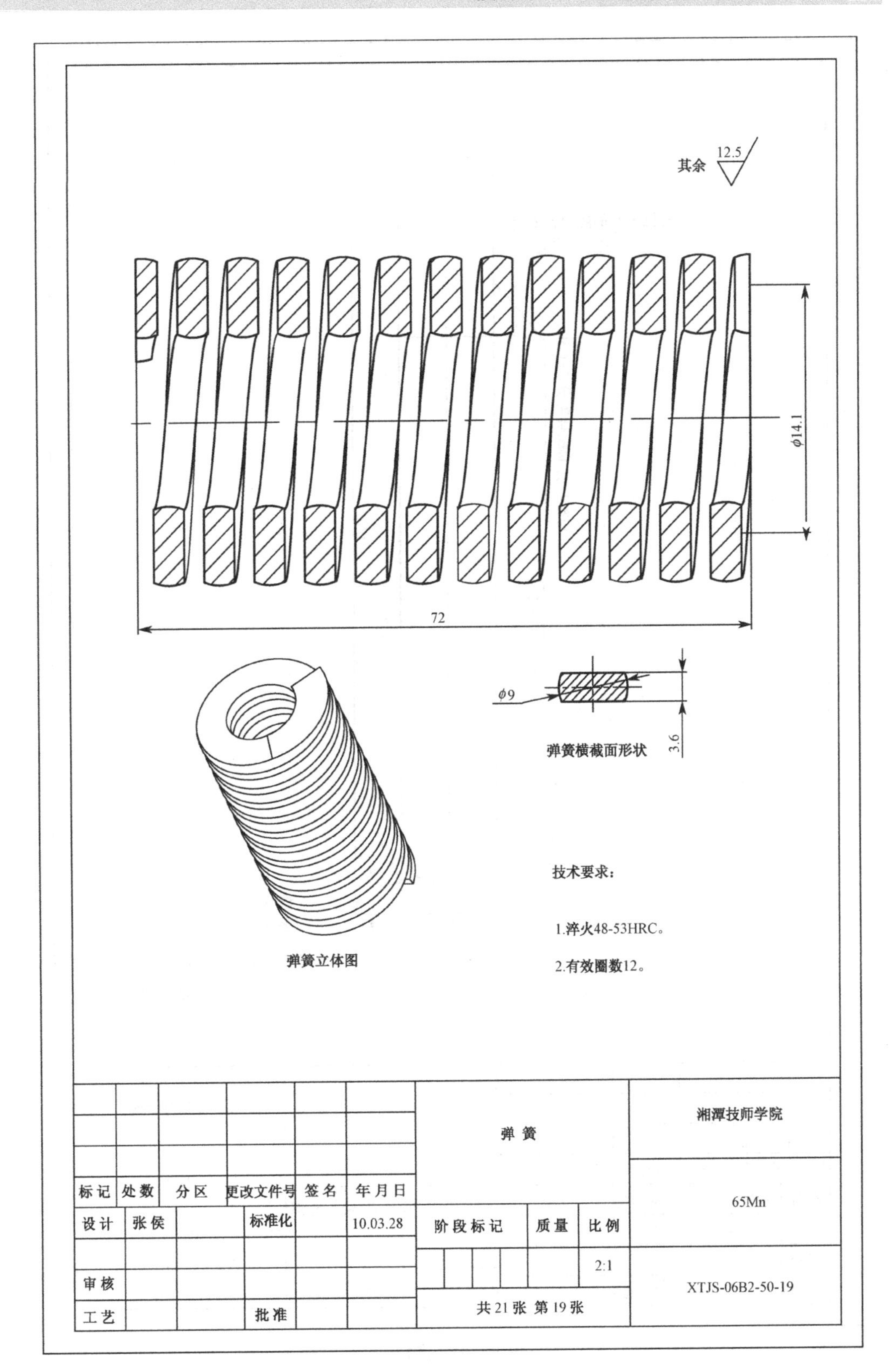
其余 12.5
ϕ14.1
72
ϕ9
3.6
弹簧横截面形状
弹簧立体图
技术要求：
1.淬火48-53HRC。
2.有效圈数12。
标记 处数 分区 更改文件号 签名 年月日
设计 张侯 标准化 10.03.28
审核
工艺 批准
弹簧
阶段标记 质量 比例
2:1
共21张 第19张
湘潭技师学院
65Mn
XTJS-06B2-50-19

图 12-19　弹簧

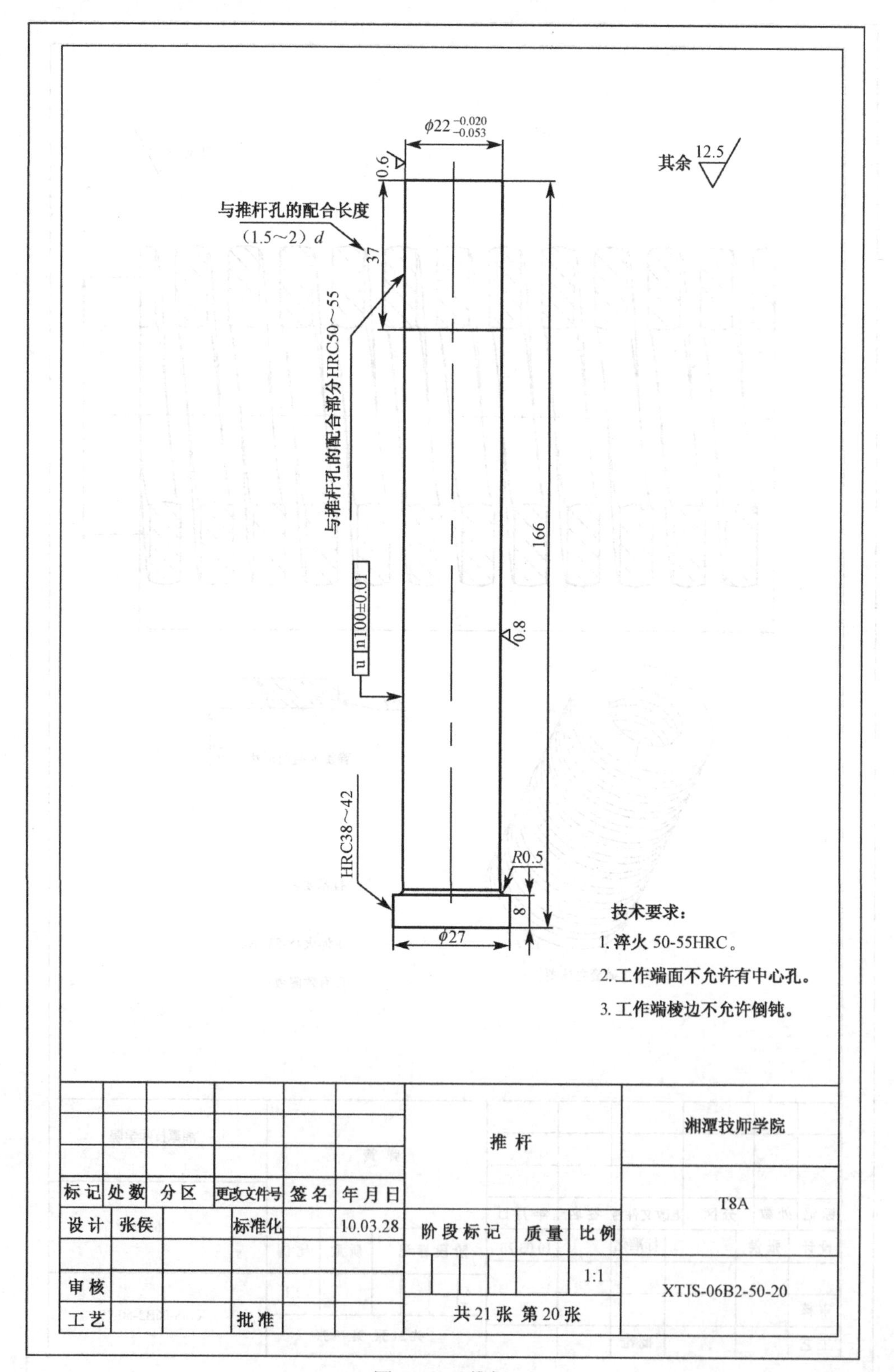

φ22 $^{-0.020}_{-0.053}$
0.6
其余 12.5
与推杆孔的配合长度
(1.5～2) d
37
与推杆孔的配合部分HRC50～55
166
n100±0.01
u
0.8
HRC38～42
R0.5
8
φ27
技术要求：
1. 淬火 50-55HRC。
2. 工作端面不允许有中心孔。
3. 工作端棱边不允许倒钝。
标记 处数 分区 更改文件号 签名 年月日
设计 张侯 标准化 10.03.28
审核
工艺 批准
推杆
阶段标记 质量 比例
1:1
共21张 第20张
湘潭技师学院
T8A
XTJS-06B2-50-20

图 12-20 推杆

4. 编制制作工时消耗定额

根据各加工零件工艺卡片和相关的实效工时消耗标准，编制各零件的制作工时消耗定额，详见表 12-1～表 12-21。

5. 计算材料消耗费用和制作工时费用

若承制企业采用下列数据进行两项费用核算：

制作工时平均费用率　　15.4 元/工时
外标准件费用　　119 元
碳钢材　　5.5 元/kg
铬钢材　　9.5 元/kg

则模具材料消耗费用为

388 元+119 元=507 元

实做工时消耗费用为

438.5 工时×15.4 元/工时×1.2≈8103 元

系数 1.2 是为考虑生产运输与管理费用的调整修正系数，各企业可根据自身条件和经验积累确定。

6. 估算该套塑料注射模的出厂基本价

本模具的生产成本为上述两项费用之和。

则案例模具生产成本=模具材料费+制作工时费
=4200+8103
=12303 元

则案例模具出厂基本价为

生产成本+税费（17%增值税发票）
=12303×（1+0.17）
=14394.51 元≈15000 元

任务小结

1．从本案例的模具生产成本核算和基本价的估算过程中可看出，因各模具企业的生产条件不同，管理水平差异，管理费用的分摊和制作工时的费用也会有差别。

2．生产工艺在模具生产成本的核算中起决定性作用。生产工艺因模具生产企业的条件不同而不相同，则生产成本的核算没有一个标准，但核算原理只有一个。

3．材料费用在模具生产成本中占有一定的比重，它随原材料市场价格的波动而变化。所以模具成本的核算与材料供应信息存在息息相关。

4．出厂基本价是市场销售价的基础，市场销售价由企业营销部门根据市场行情波动而定。

思考题与练习

根据读者所实习或工作的企业条件，以本案例为例，试估算一下基本生产成本和出厂基本价的报价。

表 12-1

简明工艺卡片		数量	工装图号	XTJS-06B2-50-1	零件名称	动模底板
			产品图号		材料牌号	$50^{\#}$
序号	工序	工艺技术要求		工时定额		
				准备	单件	
1	割	455×455×40			0.55	
2	热	退火				
3	刨	450×450×53.5 六面			9.3	
4	磨	两垂直面、两平面			2	
5	钳	划线			1.3	
6	镗	2×ϕ40 尺寸 $280^{-0.05}$			1.3	
7	钳	钻ϕ18、锪ϕ26、孔、倒角、修整			2	
8	磨	两平面保证“//”0.04			1.2	
9	检	检验				

工艺： 校对： 定额： 年 月 日

表 12-2

简明工艺卡片		数量	工装图号	XTJS-06B2-50-2	零件名称	推板
			产品图号		材料牌号	$50^{\#}$
序号	工序	工艺技术要求		工时定额		
				准备	单件	
1	割	455×265×35			0.45	
2	热	退火				
3	刨	450×260×305 六面			7.3	
4	磨	相互垂直平行“//”0.05、“⊥”0.12			2	
5	钳	去毛刺、划线、钻孔、4×ϕ14、锪 4×ϕ20			0.45	
6	检	检验				

工艺： 校对： 定额： 年 月 日

表 12-3

简明工艺卡片	数量	工装图号	XTJS-06B2-50-3	零件名称	推杆固定板
		产品图号		材料牌号	50#

序号	工序	工艺技术要求	工时定额		
			准备	单件	
1	割	455×265×30		0.4	
2	热	退火			
3	刨	450×260×25.5		6.5	
4	磨	相互垂直、平行“//”0.05、“⊥”0.12		2	
5	钳	划线、钻 4×ϕ26、锪 4×ϕ31.4×M12 螺钉底孔、攻丝 4×M12 倒角		4	
		去毛刺 4×ϕ41			
6	检	检验			

工艺：　　　　校对：　　　　定额：　　　　　　　　年　月　日

表 12-4

简明工艺卡片	数量	工装图号	XTJS-06B2-50-4	零件名称	支撑板
		产品图号		材料牌号	50#

序号	工序	工艺技术要求	工时定额		
			准备	单件	
1	割	455×400×55		1	
2	热	退火			
3	刨	450×400×50.5 六面		11	
4	磨	相互垂直、平行“⊥”0.06、“//”0.04		2.3	
5	钳	去毛刺、划线、钻 4×ϕ25.2、锪 4×ϕ41×1、钻 6×ϕ18		3.3	
		倒角、修整			
6	检	检验			

工艺：　　　　校对：　　　　定额：　　　　　　　　年　月　日

表 12-5

简明工艺卡片	数量	工装图号	XTJ5-06B2-50-5	零件名称	型芯固定板
		产品图号		材料牌号	$45^{\#}$
序号	工序	工艺技术要求	工时定额		
			准备	单件	
1	割	420×420×45		0.3	
2	热	退火			
3	刨	414×200.5×405 六面		4	
4	磨	两平面、两端面成形		1.3	
5	钳	去毛刺、划线		1.2	
6	铣	$200^{0}_{-0.046}$ 放磨 0.5 台阶 7mm 成功		1.3	
7	镗	$4\times\phi 56^{+0.030}_{0}$ 粗镗成$\phi 50$		2.3	
8	镗	座标镗$\phi 56^{+0.030}_{0}$ 成功、$\phi 64$ 成功、$\phi 8+0.0150$ 成功、$\phi 13$ 成功、$\phi 104.7$		8	
		保证圆心距离			
9	磨	$200^{0}_{-0.04}$ 磨成功		1	
10	钳	去毛刺、修整		0.3	
11	检	检验			

工艺：　　　　校对：　　　　定额：　　　　年　月　日

表 12-6

简明工艺卡片	数量	工装图号	XTJ5-06B2-50-6	零件名称	推件板导套
		产品图号		材料牌号	T8A
序号	工序	工艺技术要求	工时定额		
			准备	单件	
1	料	$\phi 55\times 120$			
2	车	内外圆放磨 0.5，其余成功		0.3	2
3	热	热处理 HRC53～55		0.45	3
4	磨	内孔$\phi 35^{+0.025}_{0}$ 成功		0.3	2
5	磨	以内孔为基准，磨外圆$\phi 48^{+0.018}_{+0.002}$ 成功			
6	钳	去毛刺、修整		0.1	0.4
7	检	检验			

工艺：　　　　校对：　　　　定额：　　　　年　月　日

表 12-7

简明工艺卡片	数量	工装图号	XTJ5-06B2-50-7	零件名称	导柱
		产品图号		材料牌号	T8A

序号	工序	工艺技术要求	工时定额		
			准备	单件	
1	料	ϕ45×95			
2	车	两端制中心孔ϕ40×8 成功、$\phi 35^{+0.018}_{0.002}$、$\phi 35^{-0.009}_{-0.025}$ 放磨 0.5		0.4	2.4
		其余成功			
3	热	热处理 HRC55～60			
4	表	发兰			
5	磨	各部分均成功		0.3	2
6	检	检验			

工艺：　　　　　　校对：　　　　　　定额：　　　　　　　　　　年　月　日

表 12-8

简明工艺卡片	数量	工装图号	XTJ5-06B2-50-8	零件名称	导套
		产品图号		材料牌号	T8A

序号	工序	工艺技术要求	工时定额		
			准备	单件	
1	料	ϕ60×45			
2	车	ϕ60×10 成功、$\phi 35^{+0.025}_{2}$、$\phi 48^{+0.018}_{+0.002}$、各放磨 0.6、其余成功		0.5	3.2
3	热	热处理 HRC53～55			
4	表	发兰			
5	磨	$\phi 35^{+0.025}_{2}$、外$\phi 48^{+0.018}_{+0.002}$ 成功、保证“◎”0.02		0.5	3.2
6	检	检验		0.3	2

工艺：　　　　　　校对：　　　　　　定额：　　　　　　　　　　年　月　日

表 12-9

简明工艺卡片	数量	工装图号	XTJ5-06B2-50-9	零件名称	定模座板
		产品图号		材料牌号	$50^{\#}$
序号	工序	工艺技术要求	工时定额		
			准备	单件	
1	割	455×455×35		0.55	
2	热	退火			
3	刨	450×450×35.5 六面		10	
4	磨	两平面		1.5	
5	钳	划线、钻 6×ϕ18.6×20 孔		3.3	
6	镗	座标镗ϕ16、ϕ41、ϕ125 成功		3	
7	钳	去毛刺、倒角、修整成功		1.2	
8	表	发兰			
9	检	检验			

工艺：　　　　　　校对：　　　　　　定额：　　　　　　　　　　　年　月　日

表 12-10

简明工艺卡片	数量	工装图号	XTJ5-06B2-50-10	零件名称	定位圈
		产品图号		材料牌号	$45^{\#}$
序号	工序	工艺技术要求	工时定额		
			准备	单件	
1	割	ϕ120×20		0.15	
2	车	各部车成功、尺寸 4 底面放磨 0.2		1.3	
3	钳	划线钻孔 2×ϕ72×ϕ10 成功		1	
4	热	热处理 HRC43～48			
5	表	发兰			
6	磨	底平面		0.2	
7	检	检验			

工艺：　　　　　　校对：　　　　　　定额：　　　　　　　　　　　年　月　日

表 12-11

简明工艺卡片	数量	工装图号	XTJ5-06B2-50-11	零件名称	浇口套
		产品图号		材料牌号	T8A
序号	工序	工艺技术要求	工时定额		
			准备	单件	
1	料	$\phi 45\times 75$			
2	车	$\phi 35_{-0.087}^{-0.025}$、$\phi 32_{-0.08}^{-0.025}$ 放磨 0.5，其余各部成功		2	
3	热	热处理 HRC53～57			
4	表	发兰			
5	磨	$\phi 35_{-0.087}^{-0.025}$、$\phi 32_{+0.08}^{-0.05}$ 成功		1	
6	钳	SR19 打磨成功		0.3	
7	检	检验			

工艺：　　　　　校对：　　　　　定额：　　　　　　　　　年　月　日

表 12-12

简明工艺卡片	数量	工装图号	XTJ5-06B2-50-12	零件名称	拉料杆
		产品图号		材料牌号	T8A
序号	工序	工艺技术要求	工时定额		
			准备	单件	
1	料	$\phi 18\times 75$			
2	车	$\phi 8_{-0.047}^{-0.025}$、$\phi 8_{-0.006}^{-0.015}$ 放磨 0.5.$66^{-0.05}$ 左端加长工艺、打中心孔		0.3	
		其余成功			
3	热	热处理 HRC45～50			
4	磨	$\phi 8_{-0.047}^{-0.025}$、$\phi 8_{+0.006}^{+0.015}$ 磨成功		0.3	
5	车	去加长段、*R*4 成功、保证 $66^{-0.05}$		0.4	
6	检	检验			

工艺：　　　　　校对：　　　　　定额：　　　　　　　　　年　月　日

表 12-13

简明工艺卡片		数量	工装图号	XTJ5-06B2-50-13	零件名称	型腔板
			产品图号		材料牌号	Cr12

序号	工序	工艺技术要求	工时定额		
			准备	单件	
1	锻	224×210×50 退火			
2	刨	214×2005×40.5		8.3	
3	磨	粗磨六面、去毛刺		1.3	
4	钳	划线		2	
5	铣	$200_{-0.046}^{-0.05}$ 放磨 0.6		1.3	
6	镗	座标镗ϕ2×14 预孔、ϕ46×10		3	
7	电	电脉冲打型腔		8	
8	铣	导料槽成功		1.3	
9	钳	修整形腔成功、导料槽成功		16	
10	热	热处理 HRC45～50			
11	磨	200×200 成功		1	
12	钳	去毛刺、打磨成功型腔			
13	表	表面处理、发兰		8	
14	检	检查			

工艺： 校对： 定额： 年 月 日

表 12-14

简明工艺卡片		数量	工装图号	XTJ5-06B2-50-14	零件名称	型芯
			产品图号		材料牌号	Cr12

序号	工序	工艺技术要求	工时定额		
			准备	单件	
1	料	ϕ65×85			
2	车	$\phi 50_{+0.011}^{+0.03}$、ϕ47.18.20°、ϕ 46.25 各放磨 0.5 上下端面加		1	
		长、段、打中心孔			
3	热	热处理 HRC45～50			
4	磨	各部磨成功		1	
5	线	去加长段		0.1	
6	钳	热光上端面		0.3	
7	检	检验			
				1	

工艺： 校对： 定额： 年 月 日

表 12-15

简明工艺卡片		数量	工装图号	XTJ5-06B2-50-15	零件名称	定模板
			产品图号		材料牌号	50#
序号	工序	工艺技术要求			工时定额	
					准备	单件
1	割	455×405×45180×180×45 内型				1.3
2	热	退火				
3	刨	450×400×40.5				10
4	磨	粗磨六面、保证“⊥”				2
5	钳	去毛刺、划线				2.3
6	铣	去 200×200 腔余量、5mm 每边、倒角				2.3
7	钳	钻 6×M16，预孔 4×ϕ42、去毛刺、倒角				4.3
8	镗	4×ϕ48±0.024×55 成功、保证“⊥”				6
9	线	线切割 200±0.02×200±0.02 成功				26.4
10	铣	215×7 台阶成功				1.2
11	钳	修整				1.3
12	磨	上下面成功、保证“//”0.04				1.2
13	检					

工艺：　　　　　校对：　　　　　定额：　　　　　　　　年　月　日

表 12-16

简明工艺卡片		数量	工装图号	XTJ5-06B2-50-16	零件名称	推件板
			产品图号		材料牌号	T8A
序号	工序	工艺技术要求			工时定额	
					准备	单件
1	锻	400×450×35 退火				
2	刨	400×450×35.5				10
3	磨	上下平面				1.2
4	钳	去毛刺、划线 4×ϕ48 预孔ϕ42.4×ϕ47.18 预孔ϕ40				4
5	镗	4×ϕ48 保证 187±0.02 尺寸、4×ϕ47.18 保证ϕ104±0.02 中心距				12
		改制 20°刀具划成功				
6	钳	钻 4×M6、螺纹孔 64°孔、成功去毛刺				3.3
7	热	热处理 HRC54～58				
8	磨	上下面成功				1.2
9	检	检验				

工艺：　　　　　校对：　　　　　定额：　　　　　　　　年　月　日

表 12-17

简明工艺卡片	数量	工装图号	XTJ5-06B2-50-17	零件名称	动模板
		产品图号		材料牌号	50$^{\#}$

序号	工序	工艺技术要求	工时定额		
			准备	单件	
1	割	455×405×45180×180×45 内型		1.3	
2	热	退火			
3	刨	455×400×40.5		10	
4	磨	粗磨六面		2	
5	钳	去毛刺、划线		2.3	
6	铣	200±0.02×200±0.02 腔去余量、每边留 5mm 倒角		2.3	
7	钳	钻 6×M16.4×ϕ32 预孔、4×20 预孔去毛刺、倒角、4×M16 攻丝		6	
8	镗	4×ϕ354×ϕ414×$\phi 25_{0}^{+0.021}$ 4×ϕ26187±0.02.185±0.02 的尺寸、距离		10	
9	线	线切割 200±0.02×200±0.02×200±0.02×200±0.02 成功		26.4	
10	铣	215×7 台阶成功		1.2	
11	钳	去毛刺、修整成功		1.3	
12	磨	上下平面成功保证“//”0.04		1.2	
13	检	检验			

工艺：　　校对：　　定额：　　年　月　日

表 12-18

简明工艺卡片	数量	工装图号	XTJ5-06B2-50-18	零件名称	垫块
		产品图号		材料牌号	50$^{\#}$

序号	工序	工艺技术要求	工时定额		
			准备	单件	
1	割	455×130×73		1.1	2.2
2	热	退火			
3	刨	450×125×68		6	12
4	磨	125 上下面保证“//”0.04		0.4	1.2
5	钳	划线、去毛刺、钻孔 4×ϕ8 孔、倒角		2	4
6	表	发兰			

工艺：　　校对：　　定额：　　年　月　日

表 12-19

简明工艺卡片	数量	工装图号	XTJ5-06B2-50-19	零件名称	推杆
		产品图号		材料牌号	T8A

序号	工序	工艺技术要求	工时定额		
			准备	单件	
1	料	$\phi 32\times175$		0.5	3.2
2	车	$\phi 22_{-0.053}^{-0.02}$ 放磨 0.6 只证一度ϕ100、0.1，其余成功			
		两端加长打中心孔			
3	热	热处理 HRC50～55，37 长度尺寸			
4	磨	$\phi 22_{-0.053}^{-0.02}$、　、成功		0.3	2
5	线	去加长段		0.1	0.4
6	检	检验			

工艺：　　　　校对：　　　　定额：　　　　年　月　日

表 12-20

简明工艺卡片	数量	工装图号	二类	零件名称	石墨
	1	产品图号		材料牌号	

序号	工序	工艺技术要求	工时定额		
			准备	单件	
		φ54.2　φ35　45　55　φ6　R2.1			
1	料	下料ϕ60×110			
2	车	外圆车成功，内孔车成功		2	
3	铣	*R*2.1 成功		4	
4	钳	修整成功		6	

工艺：　　　　校对：　　　　定额：　　　　年　月　日

表 12-21

简明工艺卡片		数量	工装图号	XTJ5-06B2-50-00	零件名称	贮油杯盖注射模
		1	产品图号		材料牌号	
序号	工序	工艺技术要求		工时定额		
				准备	单件	
1	钳	装配、试模			20	

工艺：　　　　校对：　　　　定额：　　　　　　　　年　月　日

表 12-22　模具材料消耗定额

工装主要材料消耗明细账					工装名称			图号			共　页	
					贮油杯盖注射模			XTBS-06B_2-50				
序号	零件			材料			每件制成零件数	毛坯			每件制成零件数	备注
	图号	名称	数量	牌号	规格及尺寸	重量（kg）		类别	外形尺寸	重量（kg）		
1	−01	动模底板	1	50#	450×450×35		1	割	455×450×35	71.5		
2	−02	推板	1	50#	450×260×30		1	割	455×265×35	36.44		
3	−03	推杆固定板	1	50#	450×260×25		1	割	455×265×30	31.23		
4	−04	支撑板	1	50#	450×400×50		1	割	455×405×55	87.51		
5	−05	型芯固定板	1	45#	214×200×40		1	割	220×210×45	17.83		
6	−06	推件板导套	4	T8A	$\phi 48^{+0.018}_{+0.002}\times 23$		4	元钢	$\phi 55\times 120$	2.46		
7	−07	导柱	4	T8A	$\phi 40\times 86$		4	元钢	$\phi 45\times 95$	1.30		
8	−08	导套	4	T8A	$\phi 54\times 39$		4	元钢	$\phi 60\times 45$	1.10		
9	−09	定模底板	1	50#	450×450×30		1	割	455×455×35	62.57		
10	−10	定位圈	1	45#	$\phi 112^{+0.145}_{+0.305}\times 14$		1	割	$\phi 120\times 20$	2.09		
11	−11	浇口套	1	T8A	$\phi 40\times 67.6$		1	元料	$\phi 45\times 75$	1.03		

续表

工装主要材料消耗明细账					工装名称			图号			共　页	
					贮油杯盖射模			XTBS-06B_2-50				
序号	零件			材料			每件制成零件数	毛坯			每件制成零件数	备注
	图号	名称	数量	牌号	规格及尺寸	重量（kg）		类别	外形尺寸	重量（kg）		
12	−12	拉料杆	1	T8A	$\phi 12\times 66_{-0.05}$		1	元料	ϕ18×75	0.16		
13	−13	型腔板	1	Cr_{12}	$214\times 200^{0}_{-0.040}$		1	锻件	224×210×50	20.31		
14	−14	型芯	4	Cr_{12}	ϕ56×76.06		4	元料	ϕ65×85	2.43		
15	−15	定型板	1	$50^{\#}$	450×400×40		1	割	455×405×85	71.6		
16	−16	推件板	1	T8A	400×450×25		1	锻件	410×460×35	57		
17	−17	动模板	1	$50^{\#}$	450×400×40		1	割	455×405×45	71.6		
18	−18	垫板	2	$50^{\#}$	450×125×68		2	割	455×130×73	37.29		
19	−19	弹簧	4	65Mn	ϕ141×72		4	外购				
20	−20	推杆	4	T8A	ϕ27×166		4	元钢	ϕ32×175	3.39		
01	二类	石墨模	1		ϕ60×110		1		ϕ60×110			
22	01	杆准件										

批准：陈芬桃　　审查：周青山　　　　　　制表：肖海涛　　　　2010 年 11 月 11 日

参考文献

[1] 李云程．模具制造工艺学．北京：机械工业出版社，2008.

[2] 秦观生．质量管理学．北京：科学出版社，2008.

[3] 韩永刚．电子电器产品市场与营销．北京：电子工业出版社，2004.

[4] 陈其林．企业管理．北京：机械工业出版社，2007.

[5] 中华人民共和国产品质量法

[6] 中华人民共和国生产安全法

[7] 陈如季．班组建设培训教材．沈阳：辽宁人民出版社，1995.

[8] 中华人民共和国国家标准 GB/19001-2008/ISO9001：2008．北京：中国标准出版社，2008.

[9] 伍晓宇，陈锦盛．模具制造估报价系统．模具工业 2005.

[10] 吴强毅．“三佳科技”挤出模具销售业务在欧洲快速增长．中国模具信息，2005.

[11] 北京模具协会“坚持技术创新打造高端模具”北京迪普模具技术有限公司．中国模具信息，2005.